가발 전문가를 위한

위그 디자인

Wig Design

임은진 · 임명숙 · 김명우 · 최미옥 · 김세욱
김정연 · 김계순 · 이대천 · 배선향 · 정용성

메디시언 MeDiCEAN

머리말

가발은 해마다 성장하는 산업분야로 국내 초기에는 탈모 가발의 컨셉으로 시작하였으나 최근 들어 패션가발의 성장세에 힘입어, 이미지 변신은 물론 다양한 계층에게 사랑받는 아이템이 되고 있다. 가발 산업은 그 확산이 빠르게 진행되다 보니, 전문 인력 양성에서 그 수요가 부족한 실정이다.

그동안 가발에 대한 민간단체의 교육이 꾸준히 이루어져 왔으나, 전문가 그룹의 노하우가 제각기 다양하며 독특한 특성을 유지하는 바, 표준화된 교재편찬에 어려움을 겪어왔다. 그러나 산업의 성장세와 더불어 전문인력 양성을 위해서는 교육을 위한 표준화 및 보편화 작업이 요구되고 있는 실정이다.

본서는 다년간의 현장 전문가 그룹의 경험을 바탕으로 다각도의 의견 조율을 통해 가발에 대한 이해 및 개념 정립을 시도하였으며, 그 동안 좀처럼 공개되지 않았던 디자인과 제작 과정을 공개하여 기술하고자 노력하였다. 아직 부족한 점이 있으리라 생각되지만 위그디자이너 과정을 훈련하기 위한 학습자들에게 유용한 입문서가 되고자 노력하였다.

교재 편찬에 이르기까지 집필을 시작하여 3년간 수정과 보완 및 사진 촬영을 거듭하였으며, 현장들의 다양한 견해를 포용하고자 하였다. 이에 본서를 접하는 과정에서 기존 현장 전문가들과 다소 이견이 있더라도 너그러운 마음으로 이해해주기를 바라며, 이후 출간되는 관련 도서에서는 미흡한 점들이 더 보완되고 강화되리라 기대한다.

또한 아직 본 산업 분야에서 용어 정립이 혼용되어 사용되고 있는 실정이므로 초보자들의 이해를 돕기 위해 가발이라는 의미의 위그(wig)라는 용어를 혼용하여 사용한 점, 널리 양해해주기를 바라며 위그 디자이너(wig designer)라는 직업군의 성장과 발전을 희망하는 바이다.

마지막으로 본 교재 발간을 위해 초기 시행의 어려움을 지원해 주신 (사)국제뷰티산업진흥재단 조찬휘 회장님과 메디시언 대표님, 주민기실장님께 감사드리며, 실기 부분의 감수 및 자격검증 시험을 위해 많은 시간 참여를 아끼지 않았던 (사)국제뷰티산업진흥재단 위그디자이너 강사 양윤경, 박민선, 안채리, 이진희, 유진 선생님께도 감사의 말씀을 전한다.

계사년 초가을

대표저자 임은진

차례

Contents

차례

Chapter 5 위그 스타일링

Chapter 6 사후 관리

Contents

부록 탈모가발 고객 실제사례

My Design

Chapter 1
가발 산업의 이해

Section 1. 가발의 시장성

2. 국내 가발 업체의 현황

3. 위그 디자이너의 진로

4. 가발 전문점의 창업

Chapter 1
가발 산업의 이해

Section 1 가발의 시장성

1. 가발의 산업적 의미

인간의 3가지 기본적 욕구인 '의식주(衣食住)' 중 '나'를 대변하기에 가장 적합한 복식은 과학기술의 발전과 더불어 '미용'이라는 이름으로 지속적인 변화와 발전을 거듭하고 있다. 이렇듯 복식 패션이 인간에게 중요한 입지를 차지하고 있는 만큼 패션의 완성이라고 할 수 있는 '헤어'는 두말할 나위없이 미적 요인뿐만 아니라 인간 신체 일부로 그 중요성은 한 단계 우위에 있다고 할 수 있겠다.

헤어의 중요성은 시간이 흐를수록 각종 아름다움을 묘사하는 데 빠짐없이 등장하게 되는데, 이는 탈모(hair loss)인 사람이나 그렇지 않은 사람을 불문한다. 예로부터 시작되어 온 상징적 신체 일부분에서 출발한 헤어에 대한 인식은 외형적 아름다움의 표현방식에서 출발하여 내재된 에너지의 표출뿐만 아니라 소속단체의 결속력을 확고히 하기 위한 수단으로써의 역할이 세월이 흐를수록 더욱 중요시되고 있다고 볼 수 있다.

가발(wig)은 헤어에 있어 의상과 같다. 인간이 신체를 의복으로 치장하고 여러 종류의 디자인 액세서리(accessory, 장신구)로 돋보이게 하여 아름다움을 표현하듯이 피부 또한 인체 일부분으로서 내 · 외향적 역할에 충실하다고 볼 수 있다.

이에 헤어스타일은 헤어의 의상과도 같아서 두발을 의미화하고 가시화하기 위한 헤어스타일 중 다양한 변화를 시도할 수 있을 뿐만 아니라 한 걸음 더 나아가 '가발'이란 이러한 의상의 마지막 코디 작업과도 같은 선택적 필수 아이템이라 할 수 있다. 즉 헤어는 헤어 의상인 가발을 포함한 헤어 액세서리로 더욱 완성도 높은 패션을 창출해 낼 수 있는 것이다.

이에 미용인들 역시 유행의 선두주자로서 미용인 스스로 자부심과 긍지를 가지고 서로 존중해 나갈 때만이 미용산업의 미래는 밝을 것이다. 그리하여 지속적인 유행의 변화와 새로운 창출만이 미용인과 미용산업이 함께 발전할 수 있는 길임을 자각하고, 진정한 미용산업으로 발전시켜나갈 시점에 와 있다. 남녀를 막론하고 날로 과감하고 다양해지는 소비자의 미용에 관한 욕구와 유행의 흐름에 따라 미용산업도 전문화 · 세분화되어 가고 있다.

미용이 하나의 산업으로 자리매김을 하게 됨에 따라 피부 · 메이크업 · 헤어 등 다양한 미용분야의 시장이 급성장을 보이며 하나의 상징물로만 여겨지던 가발산업 또한 미용학적 접근을 통해 날로 번창하고 있는 추세이다. 그리하여 패션분야뿐만 아니라 사회생활이나 대인관계에서 상실된 자신감을 되찾고 스스로에 대한 자존감의 회복에도 필수요소가 되고 있다.

이 책은 현대인 삶의 궁극적 목표인 건강하고 풍요롭게 잘 살고자 하는 욕구와 함께 급성장하고 있는 미용산업의 재발견으로 가발산업에 대한 학문적 기초 자료로서의 자리매김과 관련분야의 지속적 관심과 비전(vision)을 제시함에 그 의의가 있다고 할 수 있다.

2. 가발산업의 성장성

가발사의 수요 산업인 가발 봉제산업은 노동집약적인 산업으로 인건비가 싼 지역으로 공장을 이전하는 추세가 가속화되고 있으며, 현재는 중국 · 인도네시아 · 아프리카 등에 위치하고 있다. 인도네시아 가발산업은 주로 고도의 기술력을 요하는 완전가발제품을 생산하여 미국과 유럽시장에 수출하고 있으며, 경제적 낙후와 정치불안 요소가 남아있기는 하지만 아프리카의 가파른

인구증가와 경제성장을 감안한다면 향후 미국보다 더 큰 시장으로 성장할 가능성이 있다. 가발 관련제품 수출은 중국이 인모제품을 석권하고 있기 때문에 매출액 규모에서 가장 큰 것으로 나타나고 있다.

한편, 가발용 합성섬유시장의 규모는 공식적인 협회 또는 기관의 보도자료가 없기 때문에 정확한 자료를 구할 수 없는 실정이나 시장 내 주요 기업의 매출액을 통해 추정해 보면 인모시장의 3억 불을 포함하여 약 7억 불 이상(인모시장 3억 불 포함)의 시장을 형성하고 있는 것으로 여겨진다.

표 1-1 중국의 가발제품 수출액 추이 (단위 : 천 불)

연 도	2004	2005	2006	2007	2008	CAGR
수출액 (중국)	581,577	653,499	828,571	1,117,281	1,241,554	20.9%
수출액 (세계)	817,495	888,848	1,090,648	1,390,151	1,505,438	16.5%

자료 : United Nations Commodity Trade Statistics Database, HSK No.6704

표 1-2 가발용 원사시장 규모

구 분	생산국	회사명	2008년말 생산능력 (톤/년)	2008 판매량 (생산능력 *0.9)	단가 ($/kg)	적용 단가 ($)	매출 (천$)
PVC	일본	덴카(일)	14,000	12,600	5~8(6)	6	7
		카네카(일)	10,000	9,000		6	5
	한국	우노앤컴퍼니	2,237	1,821			1
		모드테크	1,000	553			
Modacryl	일본	카네카(일)	24,000	21,600	5~12(7)	7	15
난연PET	일본	카네카(일)	500	450	8~11 (10)	10	
	한국	우노앤컴퍼니	500	306			
PET	한국 중국	다수 회사	3,500	3,150	3	3	
PP	한국 아프리카	다수 회사	50,000	45,000	2	2	9
합 계			105,737	94,480			40

자료 : 무역협회 자료(우노앤컴퍼니, 모드테크), 2008 연례보고서(카네카), 보도자료(덴카)

한국무역협회 통계자료에 따르면, 국내 가발 · 봉제산업은 1977년부터 1991년 가발 관련제품 수출액이 1억2천만 불을 기록할 때까지 연평균 성장률 5.3%로 꾸준히 성장하여 왔으나 이후 인건비 상승에 의한 가격경쟁력 약화로 인해 가발 공장이 해외로 이전되어 내수시장은 많이 축소되다가 2000년대 중반부터 기술집약적인 가발용 합성섬유 수출이 다시 증가하는 추세에 있다.

표 1-3 한국의 가발제품 수출액 추이

연 도	2004	2005	2006	2007	2008	CAGR
수출액 (천 불)	27,303	25,336	27,127	31,257	39,055	9.4%

자료 : 한국무역협회, HSK No.6704

세계시장의 경우 주요 소비층은 미국과 아프리카의 흑인 여성으로 특히 미국이 전체 시장의 절반 이상을 차지하고 있는 것으로 파악되고 있다. 가발 산업의 주요 소비층인 흑인 여성은 모발이 잘 자라지 않고 쉽게 절단되는 특성이 있어 대부분의 흑인 여성에게는 가발이 생활필수품으로 인식되고 있다. 따라서 소득이 떨어지더라도 가발에 대한 수요는 꾸준히 이루어진다고 볼 수 있으며, 경기 변동에 따른 영향은 비교적 적은 편이다.

세계에서 가장 큰 가발시장인 미국의 흑인 인구는 2008년 당시 약 3,900만 명으로 집계되고 있으며, 아프리카의 흑인 인구는 미국의 20배 이상에 달하는 것으로 추정된다. 특히 아프리카의 경우 현재로서는 소득 수준이 낮아 구매력이 낮기 때문에 소득이 높은 국가의 일부 흑인 여성들만 가발을 구매하여 사용하고 있으나, 향후 소득이 증가함에 따라 큰 시장으로 꾸준히 성장할 수 있는 가능성은 많다. 수입 통계를 통해 추산되는 시장 규모는 2004년부터 2008년까지 미국시장이 10.9%, 세계시장이 11.7%의 연평균 성장률을 보이고 있다.

표 1-4 세계와 미국의 가발제품 수입액 추이 (단위 : 천 불)

연 도	2004	2005	2006	2007	2008	CAGR
수출액 (미국)	498,784	519,964	622,260	743,204	753,682	10.9%
수출액 (세계)	818,297	864,343	1,032,762	1,224,065	1,273,143	11.7%

자료 : United Nations Commodity Trade Statistics Database, HSK No.6704

세계 가발시장의 수 · 출입 규모를 살펴보면 우리나라에서는 2008년 기준으로 약 40,000불 정도의 수출을 진행하고 있으며 미국이 단일국으로는 가장 많은 가발 수입국으로 나타나고 있다.

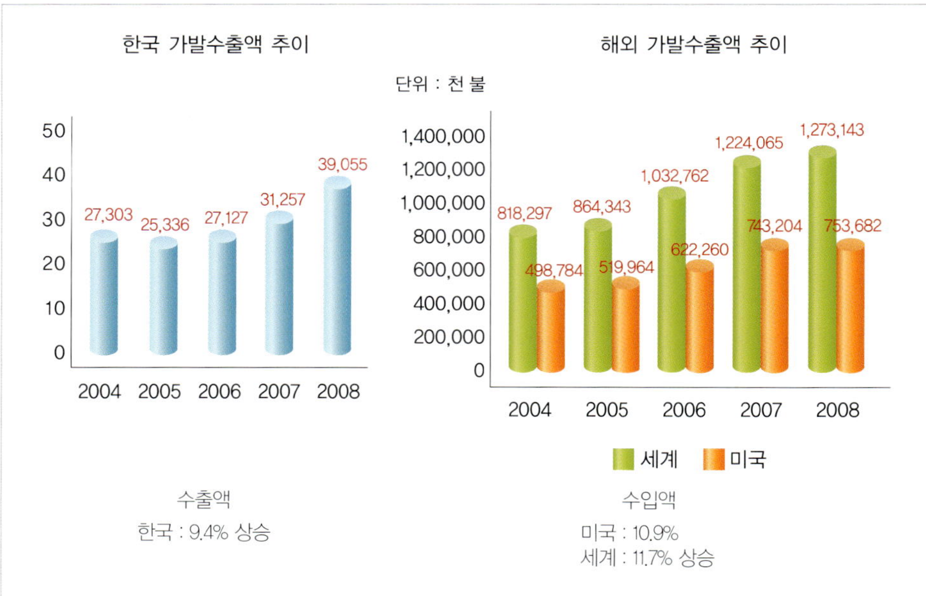

그림 1-1 세계 가발시장의 수 · 출입 규모

국내 가발사 제조업은 1990년대 중반까지는 군소 업체들이 저가의 비난연성 가발사를 만들어서 중국 등으로 수출하는 형태의 산업 구조를 나타냈다. 당시에는 일본 업체들이 기술력 · 자본력 등을 바탕으로 난연성 가발사인 PVC와 모다크릴을 제조하여 가발사 시장을 장악하고 있었으며, 제품의 기능성이나 미적 요소 측면에서 국내 제품은 독과점 형태의 일본 제품의 경쟁 상대가 되지 못했다. 1990년대 후반에 들어서 한국에서도 동사를 비롯한 2개 회사에서 난연성이 있는 PVC 가발사를 개발하여 본격적인 고급 가발사 시장에 진입하였다.

초기에는 일본 업체들과의 기술 격차가 큰 편이었고 마케팅 능력 및 브랜드 인지도 면에서 열세에 있었다. 그러나 당사에서는 지속적 연구개발을 통해 시장의 요구를 충족하면서도 가격경쟁력을 갖춘 제품의 개발에 많은 노력을 기울였고, 마케팅 측면에서도 일본 업체에서 접근하지 못하는 틈새 시장을 중심으로 신규 고객을 늘리고 고객관리에 역량을 집중하였다.

그 결과 2000년대에 들어서면서 신제품 개발 능력에서 일본업체를 상당 부분 따라온 것으로 판단하고 있으며, 시장 규모는 작지만 기술 집약형의 수출형 산업으로 자리 잡게 되었다.

세계적으로 가발 산업은 대부분 패션 가발에서 출발하여 시장 규모를 확대해 왔으나, 우리나라의 경우 탈모인들을 위한 맞춤 가발시장의 이미지가 먼저 자라잡게 됨으로써 탈모 가발에 대한 소비자의 인식이 탈모에 주로 관여되어 있었다.

2006년 약 500만 명으로 추산되었던 탈모인의 규모는 해마다 증가하여 2010년 1000만 명으로 증가되었다. 탈모인들의 탈모 해결에 대한 접근은 최초에는 관련 모발 화장품 구입에서 시작하지만 차츰 두피 · 모발관리 전문 센터에서 모발이식을 위한 관련 병원을 찾게 된다. 그러는 과정이나 아니면 예후에 대한 확신이 없는 경우, 탈모인들은 자신의 자존감이나 사회적 활동을 위한 방안으로 가발을 선택하게 된다.

따라서 탈모시장에서 가발시장의 규모는 패션 가발을 구분없이 포함하여 해마다 증가해서 2010년 전체 탈모시장에서 약 6000억 원 선으로 20%를 넘는 것으로 추산되고 있다. 또한 향후 그 중 패션 가발이 맞춤 가발의 규모를 2배 이상 앞지를 것으로 예상된다.

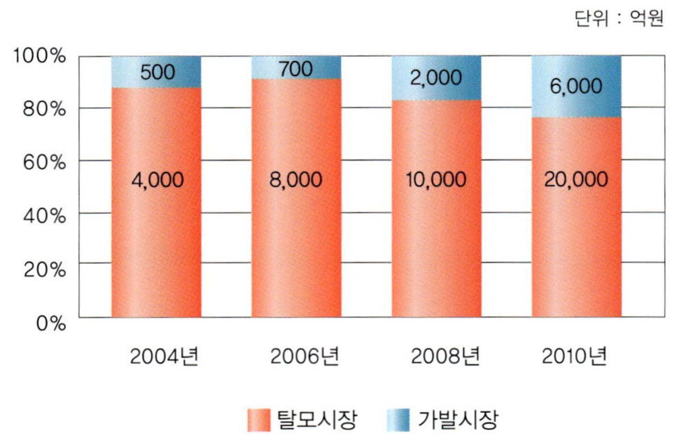

그림 1–2 탈모시장에서의 가발시장 규모

Check point

패션가발이 아닌 탈모가발을 찾는 젊은 여성들

탈모 증세로 고민하는 젊은 여성들은 날로 증가하여 탈모로 병원을 찾는 대부분을 차지하고 있다. 또한 한 홈쇼핑 회사에서 2005년 10~12월까지 3개월 동안 탈모방지상품 구매 고객 4,900명을 분석 결과, 84.5%가 여성으로 나타났으며, 구성비율에서 20대 여성이 10%로 가장 높았다고 한다. 한 가발업체 관계자도, 이러한 분위기를 반영한 듯 가발을 찾는 여성 고객이 증가하고 있어 가발 가격도 덩달아 치솟고 있다고 전했다.

가발 소비자들의 구매 패턴을 살펴보면 남성의 경우 탈모 가발의 구매가 더 큰 것으로 나타나며 여성의 경우 노화에 따른 부분가발의 사용이 빈번해지는 것으로 나타난다. 그러나 변화의 추이를 살펴보면 향후 탈모나 노화와 관계없이 가발이 남녀 모두에게 패션 아이템의 하나로 자리잡을 것으로 예상된다.

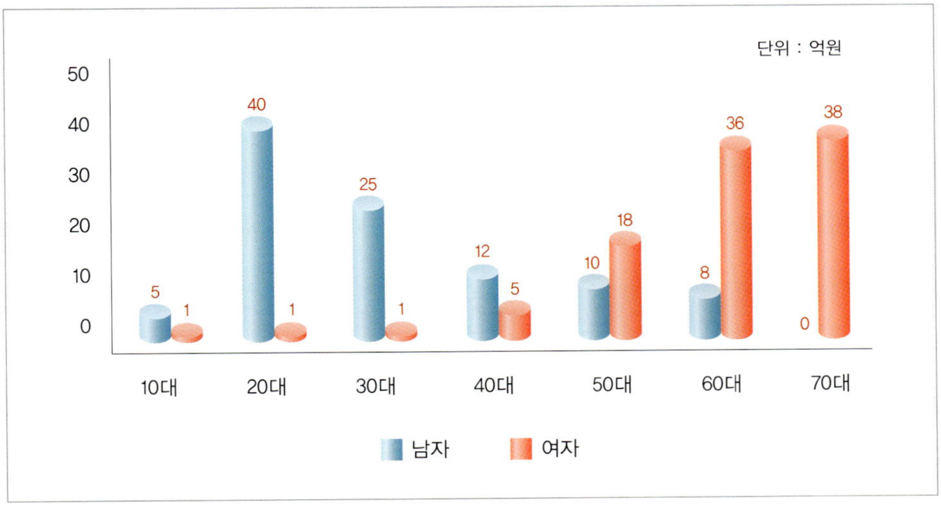

그림 1-3 가발소비자의 성별 · 연령별 비율

Section 2 국내 가발업체의 현황

국내 가발업체의 성장을 살펴보면, 초기 사업에서 탈모 가발에 주력한 업체의 경우 오프라인(off-line) 매장을 통해 성장하였으며, 패션 가발을 주력으로 한 업체의 경우 온라인(on-line)을 통해 확산되고 이후 오프라인을 병행하는 형태로 성장하였다. 탈모 가발의 경우 초기에는 남성형 탈모를 대상으로 하였으며, 이후 여성형 톱피스 시장으로 확대된 후 현재 패션 가발에까지 그 분야를 확대하고 있다.

패션 가발의 경우 20대를 대상으로 한 소품의 개념으로 시작하여 탈모와 관련된 부정적 이미지를 탈피하면서 트렌드를 타고 빠르게 성장하였으며, 연령층도 10대에서 40, 50대에 이르기까지 확대되고 있는 실정이다. 또한 여성형 톱피스(top-piece) 시장을 겨냥하여 출발한 업체들도 의외의 큰 고객층에 힘입어 해마다 성장세에 있으며, 후발주자들이 생겨나면서 가격경쟁이 이루어지고 있다.

1. 탈모가발 주력 업체의 현황 및 성장

건강보험심사평가원에서 2007년부터 2011년까지 5년 동안 탈모증과 관련된 병원진료인원을 조사한 결과, 2007년에 16만6천 명이었던 환자수가 2011년에 19만4천 명으로 약 2만8천 명이 증가하여 17.0%의 증가세를 보였다. 이는 연평균 증가율 4.0%로, 총 진료비의 증가세 역시 2007년 100억 원에서 2011년 147억 원으로 5년 동안에 47억 원이 증가하여 연평균 10.3%의 증가율을 보였다.

성별 진료인원의 경우 남성은 5년간 약 1만4천 명이 증가하였으며, 여성은 약 1만3천 명이 증가하여 성별 비율에서 매년 약 1.1% 수준으로 나타나 성별에 관계 없이 남성과 여성에서 연평균 4%대의 증가율을 보였다.

연령별 진료인원에서는 30대가 25.0%로 가장 높은 점유율을 보였으며, 40대 21.6%, 20대 20.8%의 순으로 연령별 진료인원에서 30대가 25%로 가장 높게 나타났다. 이는 젊은 나이에 탈모가 발생할 경우, 외모적인 이유로 자신감을 상실하는 등 심한 정신적 스트레스를 받을 수 있어서 젊은 나이일수록 탈모증 진료에 더 적극적으로 임하게 된 결과라고 볼 수 있다.

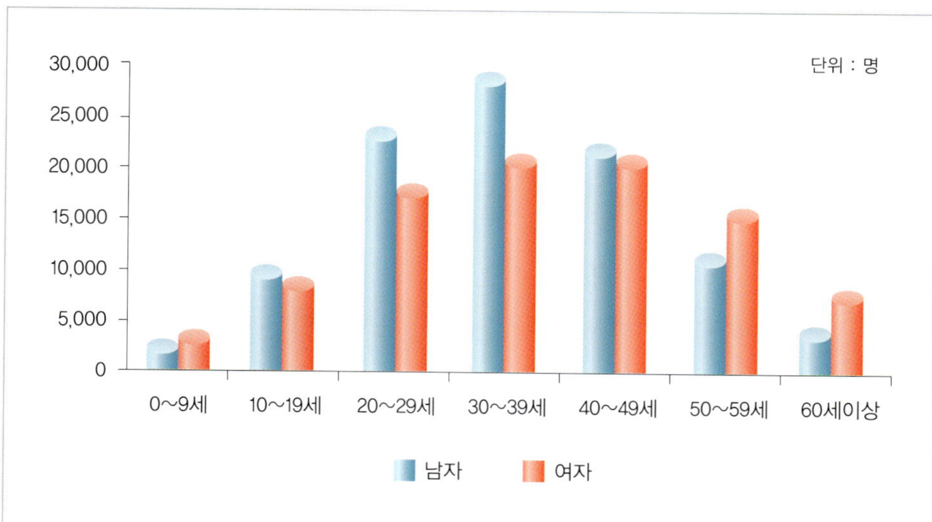

그림 1-4 탈모증 진료인원 추이 출처: 보건복지부(2011)

국내에서 탈모증과 관련한 진료의 통계추이가 위와 같다면 실제로 탈모와 관련한 인구는 그 이상으로 추정되며, 2009년 기준하여 이미 1000만 명을 넘어서고 있다.

이에 모발이식 및 탈모 치료제와 관련된 의료 분야는 물론이고 그에 따르는 모발 화장품을 포함한 관리제품과 두피모발관리 서비스, 그리고 탈모 가발시장의 규모는 약 1조 원 이상이며, 그 중 가발시장이 최소 1000억 원 이상으로 추정된다. 탈모 가발시장에서의 대표업체는 하이모와 밀란을 꼽을 수 있으며 이 두 업체가 전체 탈모 가발시장에서 약 50%의 점유율을 보이고 있다.

하이모는 1987년 가발 전문생산업체로 지속적인 R&D투자와 생산기지의 국제화 및 글로벌 마케팅네트워크 구축을 통하여 전 세계 다양한 고객에게 'PROFESSIONAL HAIR SOLUTION'을 제공하는 모범적인 중견 기업이다. 그리고 'HIMO'는 친근한 영어 인사말인 'HI'와 모(毛)의 합성어로 'HI-MO' 라는 브랜드 개념을 도입하였다.

그림 1-5 하이모 광고

하이모의 오프라인 매장은 하이모레이디 서초점 · 시청점 · 압구정점을 포함하여 서울지역의 14개 지점을 중심으로 인천 · 경기 · 부산 등의 전국 지역으로 약 44개 매장이 운영되고 있다. 매출현황은 2011년을 기준하여 약 350억 원으로 국내 주요 업체로 자리잡고 있다.

하이모는 가발시장 성장과 더불어, 해외시장 개척 및 여성 패션 가발 성장세를 타고 우수한 제품력, 가발업계 파워 브랜드, 그리고 무엇보다도 잘 알려진 스타마케팅 등 다양한 활동을 전개하였으며, 3D 스캐너 시스템, 비쥬얼 헤어스타일 시스템 등 하이모 자체 기술을 경쟁력으로 키워 왔다.

그러나 시장에서의 지속 성장을 위해서는 저가 기성 패션 가발 등장에 따른 가격 경쟁의 심화, 패션 가발의 온라인 업체의 성장세와 가발시장 세분화 및 높은 마케팅 비용 극복을 위한 노력이 필요하다고 볼 수 있다.

현재 하이모는 시장 세분화를 극복하기 위해 국내 탈모시장을 대상으로 한 남성 고객 공략은 물론이고, 2012년부터 여성 패션 가발시장에도 박차를 가하고 있다.

이에 자연스러운 맞춤식 가발을 원하는 남성 고객과 자신의 스타일에 맞는 비맞춤 패션 가발을 원하는 여성 고객을 세분화하는 전략 구사를 위해, 우선 탈모 가발의 이미지 변신을 위한 새로운 스타마케팅의 도입으로 패션 가발에 걸맞는 기존의 하이모 이미지를 탈피하는 파격적인 스타를 모델로 기용하였다.

또한 기존 하이모의 기능성, 맞춤식의 높은 퀄리티 제품 및 자연스러움 강조의 이미지를 더욱 강화하고 있으며, 암 환우 가발 패션쇼, 부산영화제 스폰 등 사회공헌적인 내용으로 가발의 긍정적 이미지 제고에도 노력하고 있다.

그림 1-6 하이모의 여성 패션 가발 마케팅

다음으로 소개할 업체는 가발 주력업체 중, 가장 먼저 설립된 회사인 밀란이다. 밀란은 탈모 남성모발관리 연구를 시작하여 1990년 밀란 헤어센터를 설립하였다.

그림 1-7 밀란의 홍보물

밀란은 착용한 상태로 수영하는 가발, 머리 감는 가발 등을 최초로 개발하였으며 초경박 인조 스킨을 채택하여 현재의 자연스러운 가발을 만들어 냈고 1995년 본딩(Bonding) 공법을 출시하여 현재까지 애용되고 있다. 2012년 기준, 전국 35개 직영점이 운영되고 있으며, 2003년에는 여성을 타깃으로 하는 '마리스'라는 브랜드가 생겨서 기존에 남성용으로 고착화된 밀란의 이미지를 벗어나려는 전략을 구사하였다.

밀란은 국내 가발 산업의 첨단소재화와 기존 가발망의 1/10 두께로 제작이 가능하여 보다 완벽하고 자연스러운 이마 라인을 연출하고 착용자의 두피색상까지 자연스럽게 연출할 수 있다. 또한 올백, 스포츠형 스타일도 가능한 밀란만의 기술인 '밀란 0.03mm'을 차별화 전략으로 공략하였다.

하이모와 밀란은 탈모형 맞춤식 가발 주력 업체로 출발하여 현재 국내 가발 산업에서 선두주자로 발돋움하였으며 탈모 인구들의 가발 산업에 대한 인지도가 해마다 높아지고, 최근 탈모 연령의 하향화 및 연령층의 확대로 인한 탈모자의 증가 등이 산업 확장 기회로 작용하리라고 본다. 그러나 후발 주자들의 질적 제고 및 가격경쟁력을 앞세운 전략으로 시장에서의 경쟁은 더욱 치열해질 것으로 예상되며, 이는 시장의 세분화를 통한 다각도의 전략 및 고객 만족을 위한 끊임없는 고객 마케팅이 요구된다고 할 수 있다. 또한 국내 시장에서의 포화시기를 고려하여 한국의 뛰어난 기술력을 앞세운 해외 시장 진출에 더욱 박차를 가해야 한다.

이에 기술적 경쟁우위를 바탕으로 해외시장 진출, 기존 브랜드에 대한 시장세분화 전략을 기하는 것은 물론, 브랜드 원가우위의 달성과 마케팅 확대 전략, 고객의 니즈(needs)를 충족시킬 수 있는 신제품을 개발하며 기술력 및 고객 서비스를 위한 전문가 그룹의 인력 양성에 내실을 기해야 할 것이다.

2. 패션가발 주력 업체의 현황 및 성장

패션 가발은 맞춤식 위주인 탈모가발과는 달리 대부분 비맞춤식으로 온라인을 통해 확대되었다. 가발이 이미 패션 아이템으로 자리 잡아 가는 시대적 흐름으로 패션 가발의 수요는 해마다 증가하고 있다. 이는 탈모형 가발과는 또 다른 시장으로, 한류 열풍에 따른 수출 및 국내에서의 가발 인식이 젊은 층을 중심으로 패션 아이템으로 확대되는 현상에 기인한다. 많은 업체들이 등장하고 있으며 그 중 최근 들어 확장세가 두드러지는 몇 개의 업체를 통해 국내 패션 가발 산업을 분석해 본다.

핑크에이지(pinkage)는 온라인 매장의 확대와 더불어 2012년 기준으로, 유일한 직영점인 홍대(상수점)를 비롯하여 전국적으로 9개의 오프라인 점포를 운영하고 있다. 오프라인 1호 매장의 경우 2011년 8월에 개점하여 2012년에 들어서면서 월 매출 4000만 원, 월 순이익만 1000만 원을 기록하는 빠른 성장세를 보였다.

핑크에이지 오프라인 매장 동향을 살펴보면 가발을 착용하고 시술받는 공간 확보는 물론이고 커피나 차를 판매하는 '쉼터' 공간에서 써클렌즈 판매에 이르기까지 다각도의 판촉 활동을 확보하고 있다.

그림 1-8 핑크에이지

2012년 대기업 마케팅 경력자를 영입하여 직무를 분업화하고 일의 능률과 매출증대에 박차를 가하고 있다.

특히 온라인의 동영상 가발강좌는 매우 상세하게 설명되어 있어 온라인으로 가발을 구매한 소비자가 손쉽게 따라 할 수 있도록 매우 유용하게 제작되었다. 또한 그 카테고리가 상당히 많음에도 불구하고 전체적으로 핑크에이지가 추구하는 아기자기한 느낌을 잃지 않으면서도 보기 쉽고 편하게 제작되어 있는 것으로 온라인 업체 중 선두주자의 면모를 보여주고 있다.

가격대는 인조모와 인모의 다양한 선택으로 만 원대에서 몇십만 원대로 세분화 되어 있으며 중저가의 저렴한 가격대가 젊은층의 호응을 받으며 주 매출을 이루고 있으나, 차츰 고품질의 선택권에 차별화를 두고 있다. 홈페이지 모델들은 대부분 인터넷의 '얼짱 출신' 모델을 활용한 것이 핑크에이지 고객 연령층의 관심분야와 딱 들어맞았던 성공적인 마케팅 전략으로 평가되고 있다. 써클렌즈와 같은 패션 가발의 소품 등 패션 아이템 접목 또한 젊은 세대들에게 어필한 아이템이며, 다양한 쇼 이벤트를 진행하여 10~30대 패션 피플들과의 문화 소통의 자리를 기획하는 전략적인 마케팅을 펼치고 있다.

또한 2012년 8월 '1억 이벤트'라는 이름으로 1만 명의 핑크에이지 회원에게 만 원의 상품권을 즉시 발급하는 이벤트를 실시하여, 순간 인터넷 서버가 마비되는 호응을 얻었으며, 이처럼 여름철 패션 가발시장의 비수기를 극복하려는 아이디어를 기획하는 등 다양한 마케팅 전략을 구사하고 있다.

이러한 확장세에 가장 큰 문제점은 매장의 전문인력확보의 어려움과 경쟁업체의 등장이라고 할 수 있다.

그림 1-9 핑크에이지의 직무구분

다음 패션 가발 주력 업체로 '가발나라'가 있다. '가발나라'의 오프라인 매장인 홍대점을 살펴보면 '가발나라'의 특징을 잘 찾아볼 수 있다. 세련된 인테리어와 컬러풀한 매장은 기존의 가발 매장과는 현격하게 차별화되어 있고, 패션 가발의 이미지와도 매칭이 잘 되어 있으며 다양한 가발이 종류대로 분류 · 정돈되어 있어 손쉽게 제품을 선택할 수 있다.

일반적으로 오프라인 매장은 온라인 고객을 위한 서비스 차원의 공간으로 인식되었으나, '가발나라'의 경우 더 나아가 '가발나라'의 시장 확대를 위한 역할로 기대된다. 오프라인 매장은 온라인 구매의 단점인 교환이나 환불의 번거로움을 줄일 수 있으며, 헤어숍의 느낌을 살린 피팅 룸이 있고 온라인 매장에서 마음에 드는 가발을 미리 오프라인 매장에 주문하여 착용해 볼 수 있다. 또한 위그 디자이너가 상주하고 있기 때문에 가발 구매 시, 고객에게 맞게 기장 및 앞머리를 바로 커트할 수 있어 고객의 만족도를 높이고 있다.

'가발나라'는 'made in Korea'가 바로 '하이 퀄리티(high guality)'라는 인식으로 해외에서도 인기를 얻고 있으며, 특히 모방제품을 방지한 홀로그램 스티커를 가발마다 부착하여 고객의 신뢰를 얻고 있다.

그림 1-10 '가발나라'의 오프라인 매장

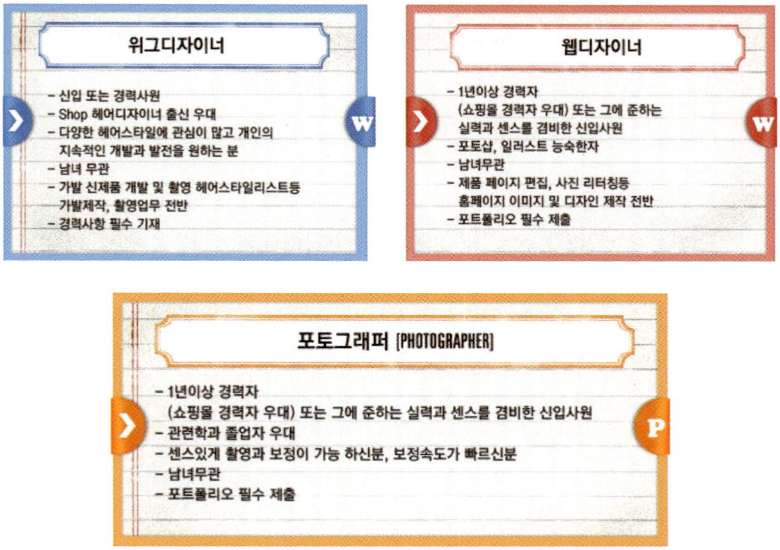

그림 1-11 '가발나라'의 직무구분

비맞춤식 가발 판촉과 온라인 시장의 접근이 용이한 패션 가발 업체의 등장은 향후에도 더 가속화 될 것으로 예상되며, 패션 가발시장은 가격 표준화 · 제품 대중화 등이 이미 실현되고 있으므로 앞으로는 고객 마케팅이 시장 장악의 주요 관건이 될 것이다.

Section 3 위그 디자이너(wig designer)의 진로

국내 가발산업 규모의 증가추세에 비해 가발전문가는 부족한 실정으로 위그 디자이너는 현재 과도한 경쟁 시장인 미용시장에서 새로운 전문가 그룹으로 기대되고 있다. 위그 디자이너는 가발에 대한 기본 지식을 비롯하여 사용 고객에 대한 기초적 이해와 위그 디자인을 위한 기술연마를 갖춘 미용전문가를 의미한다.

현재 위그 디자이너의 진로는 패션 가발 및 탈모 가발을 위한 전문점 창업은 물론이고 관련 업체의 취업과 다양한 패션 가발 도입 및 피팅(fitting)을 위한 위그 디자인 과정, 제조 및 중간 관리를 위한 도 · 소매 업무, 각 관련 분야의 대학이나 전문 학원의 교육 업무를 담당할 강사 등으로 다양한 길이 열려 있다.

현장가들의 경우, 대부분 미용관련 지식 및 헤어 디자인 관련 기술이 있는 경우 급여 대우에 이점(利點)이 있으며, 점장과 같은 매니저급의 경우 판매촉진의 경험 유무에 따라서도 이전 경력을 인정받을 수도 있다. 또한 주로 해외 공장에서의 고용인 경우, 순수하게 위그 디자인을 위한 직무를 맡기도 한다.

위그 디자이너가 되기 위해서는 위그 디자인에 대한 이해뿐 아니라 가발 성분 및 재료의 특성, 고객 마케팅을 위한 다양한 고객층의 이해, 그리고 트렌드를 파악하고 디자인 부분을 채택하는 셀렉터(selector, 선별가)의 역할을 겸비한 다양하고 폭넓은 전문가적 지식이 필요하다.

Check point

가발 주력 업체들의 취업조건 (2012년 기준)

H사의 위그 디자이너 근무조건

- 모집직종 : 미용사
- 업종 : 미용
- 직무내용 : 제품(가발) 관리 및 고객 헤어 관리
- 고용형태 : 근로계약/파견근로
- 연봉 : 2000만 원 이상 (성과급 x) / 1,600~1,900만 원 (성과급 별도)

M사의 위그 디자이너 근무조건

- 모집직종 : 헤어 디자이너(정규직)
- 근무시간 : 09:00~19:00(매주 월요일 휴무)
- 연봉제 : 기본 1,500~1,800만 원(성과급 별도지급)
- 복리후생 : 4대 보험(사규에 의한 각종 복지혜택)
- 수당제도 : 영업성과에 따라 별도의 수당을 지급하는 체제이며 일반 회사원과 같이 규칙적인 생활이 가능함

Section 4 가발 전문점의 창업

현재 국내 가발업체의 매출규모는 전체 패션가발이 대부분을 차지하고 있으나, 기업적 측면에서는 H사가 탈모 가발을 중심으로 단일 매출에서 가장 큰 규모를 보이고 있다.

▶ 모집부문 : 오프라인 매장 매니저 / 스탭
▶ 모집인원 : 00명
▶ 업무내용 : 핑크에이지 직영 홍대상수점 매장관리
가발 피팅 / 앞머리 컷트 /가발 스타일링
▶ 자격요건 : 서비스 마인드가 있고 센스있고 책임감이 강한 분
미용지식이 있고 가발에 대한 관심이 많은분 (미용 자격증 소지자 우대)
▶ 근무시간 : 오후 01시 ~ 10시 (일요일 휴무 / 3개월 이상 근무자 연차 제공)
▶ 급여조건 : 매니저 (경력자) 기본150 이상 / 스탭 (신입 가능) 협의 후 결정
▶ 복리후생
1) 4대보험 (국민연금, 건강보험, 고용보험, 산재보험)
2) 식사제공
3) 목표매출 달성시 상여금 지급
5) 정기적인 가발 이론, 실기, 실무 교육

그림 1-12 패션가발 숍의 사진

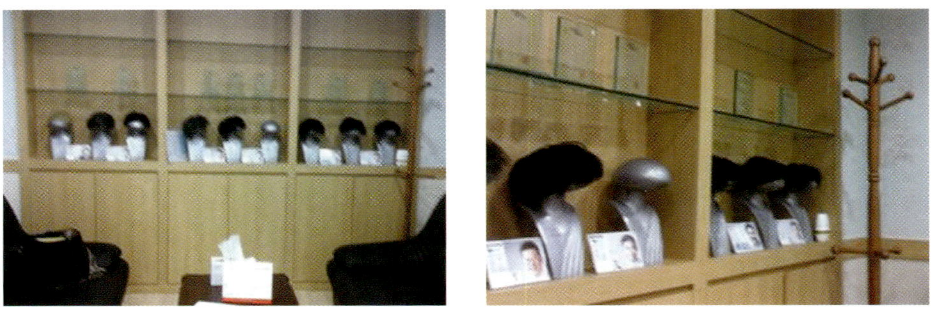

그림 1-13 맞춤가발 숍의 사진

1. 위치 선정

창업을 준비할 때 패션 가발 숍(shop)이 주 분야인지 맞춤 가발 숍이 주 분야인지에 따라 입지의 조건이 조금 달라진다.

패션 가발의 경우 상주인구보다는 유동인구가 많은 곳이 좋겠고 맞춤 가발의 경우 유동인구보다는 상주된 인구가 많은 지역이 유리하다. 또한 숍을 내고자 하는 위치에 상주하는 인구의 연령층이 어떤 층인지에 따라 조금씩 달라진다.

젊은층의 고객들은 대부분 본인과의 맞는 스타일과 제품을 위해서라면 거리를 상관하지 않고 찾아가는 경향이 있다. 한 번 인연을 맺은 숍에서 지나치게 큰 불만이 없다면 가능한 한, 다른 숍으로 옮겨가는 경우는 드물기 때문이다.

그러나 중 · 장년층의 경우 먼 거리를 피하는 경향이 있고 가까운 곳에서 손쉽게 관리하고 편안하게 찾아갈 수 있는 거리를 원하기 때문에 숍을 내기 전에 반드시 내고자 하는 숍의 특성에 맞게 상주인구와 유동인구를 따져 보는 것이 좋다.

패션 가발 숍은 대중이 많이 찾는 만큼 유동인구가 많은 곳이 눈에 잘 띄는 이점이 있다. 대부분의 사람들이 가발을 구매하기에 앞서 온라인으로 많은 정보를 얻고 있지만 아직까지도 직접 눈으로 확인하고 직접 써보는 것을 원하는 사람들과 온라인 검색을 하지 않는 사람들은 눈에 보이는 곳을 선호하기 때문이다.

탈모 가발과는 달리, 패션 가발은 자신의 현재 탈모 상태와 관계없이 헤어스타일의 변화에 중점을 맞추기 때문에 사람들의 시선을 신경쓰지 않는 고객들이다.

반면 맞춤 가발의 고객은 대부분 탈모증상으로 고민 중이거나 질병 치료 등으로 일시적 탈모를 겪고 있는 고객이 대부분이어서 사람들의 시선을 피하려는 경향이 있다.

표 1-5 가발 전문 숍의 입지 환경

패션 가발 숍	맞춤 가발 숍
• 젊은층 중심의 유동이 많은 장소 • 1~2층으로 창이 넓고 깨끗한 건물 • 번잡하거나 대로에 위치하고 눈에 띄기 쉬운 건물 • 세련된 인테리어 디자인	• 유동인구가 그리 많지 않은 장소 • 대로에서 바로 보이는 건물보다는 한 블록 뒤에 위치한 건물 • 엘리베이터 시설이 있는 고층 • 역세권 주변 • 도보 이동 시에 너무 복잡하지 않고 짧은 거리에 위치한 건물 • 주차시설 완비된 건물

2. 평수 선정

패션 가발 숍은 평수에 특별한 제한이 별로 없다. 작은 평수라고 할지라도 적당히 디스플레이를 할 공간과 착용 공간 정도로 나눌 수 있는 공간만 분리해서 칸막이를 해도 무관하다. 다만 제품이 진열될 수 있는 공간은 전면 유리처럼 많이 오픈되는 것이 좋다. 그러므로 10평 이하의 작은 평수라도 가능한 장점이 있다.

반면 맞춤 가발 숍의 경우 최소한 실 평수 20평 정도의 공간은 확보되어야 한다. 맞춤 가발의 경우 패션 가발의 경우처럼 전체가 오픈된 공간이 아니라 시술 공간과 가발을 세척하고 보관하는 비품실, 그리고 고객을 상담하는 공간이 별도의 공간으로 나뉘어져야 하기 때문이다.

맞춤 가발의 특성상 고객과 디자이너의 일대일 맨투맨으로 작업하는 환경이 꼭 필요하다. 고객은 가발을 벗은 모습을 타인에게 안 보이려고 하기 때문에 반드시 분리되어야 한다. 고객의 작업공간을 각각의 룸으로 만들고 기자재 작업 공간이나 상담실 등을 각각 분리해야 하므로 몇 개의 작업 룸을 만들지에 따라 평수가 달라진다.

그러나 처음부터 무리하게 넓은 평수를 선정하면 초기 창업비용이 부담될 수 있으므로 예산에 맞게 선정하는 것이 중요하다. 또한 맞춤 가발을 하는 고객들은 다른 고객들과 부딪히는 것을 별로 좋아하지 않기 때문에 고객이 기다리는 시간을 무료하지 않게 보낼 수 있는 대기 공간을 확보하는 것도 좋다.

3. 인테리어

패션 가발은 많은 사람들에게 보이는 면을 부각시키는 것이 중요하고 맞춤 가발은 고객의 프라이버시를 지켜주는 것에 치중되는 인테리어를 해야 한다. 그러나 두 가지의 경우를 모두 함께하는 경우라면 고객의 프라이버시를 지켜주는 쪽에 더 무게를 두는 것이 좋다. 다시 말하면, 맞춤 가발의 숍에서 패션 가발을 함께 할 수는 있으나 패션 가발의 숍처럼 오픈된 공간에서 맞춤 가발을 함께 하기엔 고객이 많은 부담감을 느낄 수 있기 때문이다.

맞춤 가발과 패션 가발 숍의 공통적인 인테리어 조건은 샴푸를 위한 상, 하수도시설 및 탕비실이며 펌, 염색 등 스타일링을 위한 장비와 시설을 갖추는 것이 좋다.

패션 가발만을 위한 숍 인테리어의 경우 가능하면 많은 제품을 고객에게 어필할 수 있어야 하므로 많은 제품을 진열할 수 있는 공간에 치중하여야 한다. 여러 가지의 제품을 보다 효과적으로 진열할 수 있게 밖에서 잘 보이는 유리로 된 공간은 디스플레이할 수 있게 만들고 벽면 또한 진열 공간으로 활용한다. 진열대를 만들 때 마네킹이 들어가도 답답하거나 서로 부딪히지 않도록 공간 배열에 주의한다. 진열대가 너무 높은 경우 시선과도 분리되고 숍의 내부 전경을 모두 막아 답답해 보이므로 시선 높이를 배려한다.

전신 마네킹을 사용할 경우 공간의 크기를 달리해 제품들끼리 너무 붙어 있는 것 같은 답답함은 주지 말아야 한다. 또한 고객이 직접 착용해 보고 앞머리 커트 같은 수정을 할 수 있는 공간은 오픈되지 않는 것이 좋다. 칸막이를 활용하더라도 고객이 의자에 앉았을 때 밖에서 고객의 머리가 보이지 않을 정도의 높이로 해주는 것이 좋다. 또한 착용실에는 의자와 거울을 준비한다.

맞춤 가발의 공간 인테리어는 조금 더 세분화된다. 각 공간별 특징을 알아보면 다음과 같다.

(1) 시술실

일단 맞춤 가발은 고객이 가발을 벗은 모습을 다른 이에게 보이는 것을 극도로 꺼리기 때문에 고객을 시술하는 공간은 완벽하게 분리해야 한다. 더욱이 여성 탈모고객들은 남성 탈모고객들에 비해 더욱 더 예민하다. 최근 탈모 가발전문 업체인 H사 나 M사 등에서는 여성 전용 시술실을 따로 꾸미고 있는 것만 봐도 독립된 공간이 얼마나 중요한지 알 수 있을 것이다. 또한 시술 공간에서 고객의 가발 탈부착과 본머리 커트나 샴푸 등이 모두 원스톱으로 이루어져야 하므로 샴푸할 수 있는 공간은 필수이다.

간단히 생각하면 시술 룸엔 미용실을 최소한으로 축소시킨 것처럼 샴푸대, 의자, 거울, 드라이 등이 모두 구비되어야 하므로 적어도 한 개의 룸당 1.5~2평 정도의 공간이 필요하다. 또한 샴푸를 하는 곳엔 일반 도배지로 인테리어를 하면 물이 튀는 특성상 시간이 지남에 따라 지저분해지고 방수의 효과도 기대할 수 없으므로 샴푸대가 있는 공간은 타일 작업을 하는 것이 좋다. 최근에는 유리나 데코타일 등으로 작업하기도 한다.

(2) 상담실

고객과 상담하는 내용은 개인적인 프라이버시가 보장되는 공간으로 꾸며져야 한다. 그러므로 상담실 또한 시술실처럼 독립된 공간을 만드는 것이 좋다. 상담실엔 테이블과 컴퓨터 등을 배치하여 상담하면서 왔다갔다하는 불편감을 최소화하는 것이 좋다. 상담실에는 샴푸 시설은 필요없지만 상담 후 패턴까지 완성하는 것이 필요하므로 의자와 거울 그리고 패턴에 필요한 시설들은 갖추는 것이 좋다.

(3) 작업실

작업실에선 주로 기자재를 보관하거나 가발의 샴푸와 관리 · 보관 등 고객의 눈에 보이지 않는 모든 것들이 이루어지는 공간이다.

그러므로 내방하는 고객들에게도 보이지 않는 공간 배려가 필요하다. 그러므로 대부분 시술실이 고객과 담당 디자이너의 일대일 공간이기 때문에 유리문으로 인테리어를 하기도 하지만, 작업실은 다른 공간과 완전히 분리해 주는 것이 좋다.

또한 작업실에서는 가발에 필요한 모든 부수적인 일들을 하는 공간으로 물건을 수납할 수 있는 장들을 구비하고 상 · 하수도시설을 갖추어야 한다.

(4) 카운터

고객을 처음 맞이하는 공간으로 가능한 깔끔하게 만들고 너무 화려하거나 크지 않게 하는 것이 좋다. 고객을 맞아주는 공간이 너무 크고 화려하면 상대적으로 방문 고객이 부담감 내지는 거부감을 느낄 수 있다. 카운터의 크기 또한 일반적으로 마주선 사람이 위화감을 느끼지 않게 배려하는 것이 좋다.

그림 1- 14　가발 전문점의 인테리어

4. 비품 구성

일반적으로 패션 가발에서는 많은 비품이 필요하지는 않다. 패션 가발의 특성상 이미 만들어진 제품을 고객이 착용해 보고 있는 스타일 그대로를 구매하는 경향이 강하기 때문이다. 그러나 맞춤 가발은 말 그대로 제품만을 고객의 두상에 맞추는 것이 아닌, 스타일 또한 고객의 이미지와 어울릴 수 있도록 시술해 주어야 하기 때문에 패션 가발보다는 많은 비품들과 시술도구들이 필요하다.

표 1-6 가발 전문점의 비품구성

패션 가발점	맞춤 가발점
마네킹, 컬러차트, 다양한 스타일의 제품, 상담 테이블, 제품보관장, 시술의자, 거울, 헤어 용품, 카운터 등	시술의자, 거울, 샴푸대, 드라이, 커트 도구, 아이론기, 드라이기, 퍼머넌트제와 도구, 염색제와 도구들, 상담 테이블, 카운터, 고객 공간의 테이블과 의자, 냉장고, 세탁기, 스탠드(맞춤 가발용 거치대), 제품진열장, 기타 가발부자재, 간단한 두피관리 용품, 샴푸, 린스 등의 각종 헤어 제품, 컬러차트, 컬차트, 모량차트, 망차트, 스킨차트, 캡차트, 컴퓨터, 포토존(시술전후를 촬영할 수 있는 공간으로 블라인드 등의 깔끔한 배경이나 숍의 로고가 좋다), 카메라

Chapter 2
가발의 역사

Chapter 2 가발의 역사

Section 1 한국의 가발

1. 고대 한국의 가발

우리나라를 비롯한 고대 중국에서는 여성의 두발이 검고 풍성한 것을 미의 척도로 여기어 머리 숱이 적거나 길이가 짧을 경우 이를 보완하기 위한 수단으로 도구나 자연물을 이용해 두발의 변형을 가져오다가 그 수단 중 하나로 가발이 생겨나게 되었다고 한다.

머리 숱이 적은 여인들이 다리(月子)[1]를 달아 쪽을 진 것이 가발의 시초이며 삼국사기에서 가발에 관련된 내용을 찾아 볼 수 있다.

신라 성덕왕 때 당(唐)나라에 사신을 보내는 편에 다리를 예물로 가져가게 한 기록이 있고, 경문왕 때도 당나라에 가는 사신이 다리를 가지고 갔다는 기록이 전해오고 있다. 고구려의 고분벽화 여인도(女人圖)의 머리 모양도 다리를 이용한 얹은머리라고 고증되고 있다.

조선시대에는 부유층은 미(美)를 위해 고가의 가체도 아낌없이 사들이고, 가난한 서민들은 머리카락을 잘라 팔아서 생계를 유지하였다. 조선시대 정조(正祖) 때에는 머리 모양을 크게 꾸미는 것이 유행함으로써, 다리 값이 금값처럼 비싸졌기 때문에, 다리를 사용하는 것을 국법으로 제한하였다고 한다.

1) 머리의 숱을 많아 보이게 하기 위해 자신의 머리나 남의 머리를 따서 덧대었던 일종의 가발

그림 2-1 힐자계

그림 2-2 추계

그림 2-3 비천계

그림 2-4 딴머리

그림 2-5 대수 앞, 옆, 뒤면

이 때의 얹은머리는 조선조에 들어오면서 명의 수식을 본받은 가체로 말미암아 높아지기 시작하여 앞다투어 화려하게 꾸미기를 좋아하여 그 사치풍조와 폐단이 극심하기 이를 데 없어 영조 32년 '가체금지령'이 내려지기에 이르렀다. 이는 실패를 반복하다 30년이 지난 순조 때에야 실효를 거둘 수 있었다.

표 2-1 한국의 시대별 대표 발형과 가발의 착용형태 분

시대구분	대표발형	가체유무	전체가발 (Wig)	부분가발 (Hair piece)	수식
상고시대	피발	×			
	속발	×			
	수발	×			
	변발	×			
삼국시대	수소계	×			
	반환계	×			
	동심계	×			
	힐자계	○		★	장신구
	추계	○		★	
	비천계	○		★	
	쌍계	○		★	
	쌍환계	○		★	
	건괵	×		★	
통일신라	화계	○		★	꽃장신구
고려시대	추마계	○		★	
	조천계	○		★	
	아환계	○		★	
	쌍수계	○		★	
	왕비머리	○		★	

조선시대	밑머리	×			
	딴머리	○		★	
	가체머리	○		★	
	대수	○	☆		
	거두미	○	☆	★	
	어유미	○	☆	★	
	첩지머리	○		★	용, 봉, 개구리첩지
	조짐머리	○		★	비녀
	새앙머리	○		★	댕기
	쪽머리	×			
	얹은머리	○		★	
	둘레머리	○		★	
	벌생	×			
	배씨머리	○		★	댕기
	바둑판머리	○		★	댕기
	종종머리	×			
	낭자쌍계	×			
	사양계	○			
	땋은머리	×			
	트레머리	○		★	
	관기머리	○		★	

가체유무 ○ ×, Wig ☆, Hair piece ★

Check point

어여머리

조선 시대 부인이 예장할 때 머리에 얹던 큰머리로 머리에 족두리를 쓰고 그 위에 다리로 된 큰머리를 얹은 다음, 봉잠과 밀화잠을 양편으로 찔러 화잠으로 쪽을 만든 뒤 옥판을 앞에, 화잠을 좌우에 1개씩 꽂고 위에 활머리를 얹은 헤어스타일의 형태를 말한다.

2. 근 · 현대 한국의 가발

근대에 들어서면서 오직 한 곳으로만 열려 있던 국문이 세계문화에 눈을 뜨기 시작하였고 이에 새로운 서양 문물들이 거침없이 생활 깊숙이 파고들게 됨으로써 급속한 사회성장을 이루는 계기가 되었다.

1894년에서 1910년의 구한 말에 이르러서도 외명부의 궁궐 입궐 시에는 예를 갖추고자 큰머리를 하였으며 대수머리, 어여머리, 쪽진머리나 첩지[2)]머리가 그대로 유지되었으며, 고종의 단발 강행을 선두로 개화의식이 유입되면서 궁중의 의복과 머리형도 변화의 물결에 합류하게 되었다.

특히 1900년대에는 미국에서 유행한 퐁파두르(pompadour) 스타일, 1920년대에는 여학생들 사이에서 머리를 땋아내리는 '첩지머리'가 유행하였다. 그리고 1945년 현대미용학원, 1945년 정화고등기술학교를 기점으로 우리나라에 미용교육이 시작되었다.

개화초기 이후 1960년대 가체라는 개념이 아닌 현대적 가발 스타일이 다시 나타나기 이전까지의 스타일은 주로 본머리를 이용 1940년대는 단발 펌, 세미업스타일, 1950년대는 단발머리, 푸들스타일(puddle style), 스포티한 느낌의 짧은 이탈리안 보이(italian boy), 햅번 형의 숏 커트 등 다양한 서구형 스타일들이 기장과 웨이브의 변화를 통해 새롭게 시도되었다.

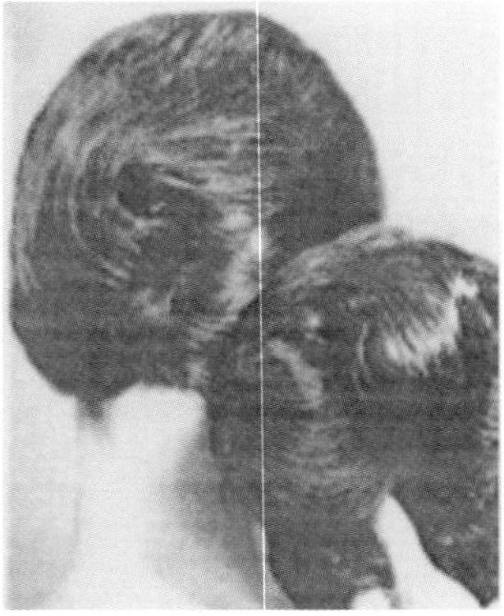

그림 2-7 업스타일「여원」 67년 1월

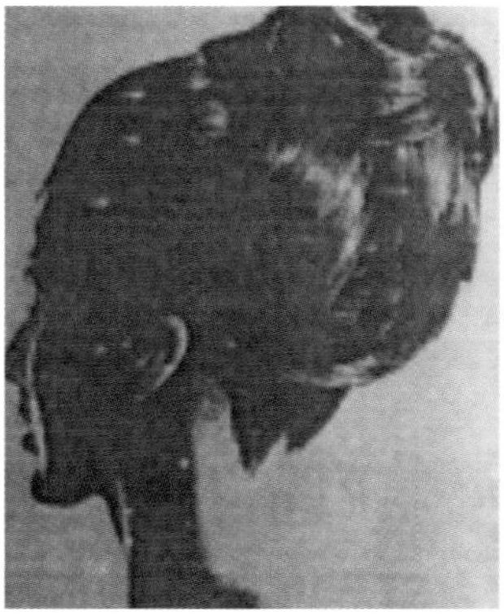

그림 2-8 가발광고「여원」67년 1월 '대화장미피스'

2) 조선시대 상류사회의 여인들이 예복을 입고 머리를 치장하던 용구

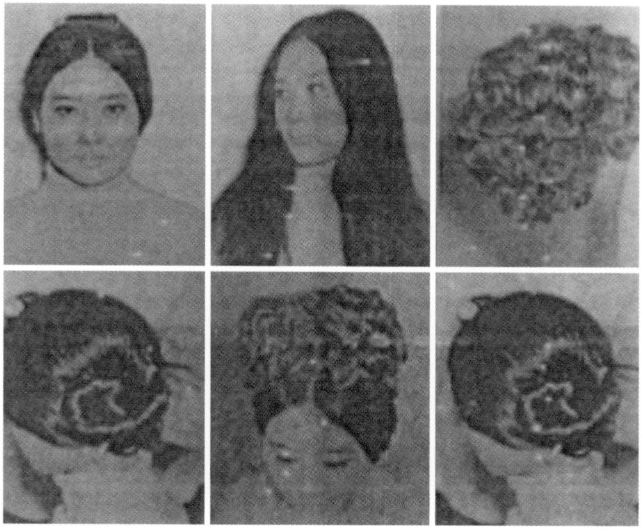

그림 2-9 가발을 이용한 다양한 헤어스타일 연출법

현대적 가발의 사용은 개화기 이후 서양식 연극과 무용 · 오페라 등에서 극중 인물의 분장을 위해 활용되었다. 그 뒤 숱이 적거나 탈모증이 있는 남자들이나 일부 여성들 사이에서 사용되었다. 근대 우리나라의 미용산업은 불안정한 정세 가운데에서도 꾸준히 변화 · 발전하여 왔으며, 특히 조선시대 가체 이후에 가발이 본격적으로 대중화되기 시작한 시기 또한 60년대라 할 수 있다. 1960년대 이후, 당시 전 세계적인 헤어스타일의 유행과 더붙어 패션 상품으로 가발이 등장하여 1970년대까지 지속되었다.

가발은 60년대까지는 인모(人毛)로만 만들어졌으나, 그 뒤 합성섬유가 개발되어 관리와 손질이 편한 아크릴제 섬유가 이용되었다. 이 시기의 헤어피스는 간단하고 편리하며 다양한 스타일의 변화를 줄 수 있다는 장점과 함께 1946년 나일론 보급으로 값이 싸고 관리가 용이한 점을 부각시키면서 더욱 급속한 유행의 물결을 탈 수 있었다.

단순히 머리길이를 보충하거나 머리숱이 적은 사람들이 결점을 커버하기 위해 사용하기 시작한 가발은 거의 모든 여성들 사이에서 하나의 필수품으로 자리 잡아 70년대까지 유행을 선도한다는 것은 물론이고, 1972년에는 미국 수출 제1위국이 될 만큼 호황을 누렸으나 70년대 후반부터 사양화되었다.

그후 1980년대 침체기를 지나 1990년대 컬러피스가 나타나면서 전체 가발, 부분 가발, 크고 작은 달비 형태 등 다양한 색상과 종류의 가발 사용이 일반화되면서 새로운 패션의 일부로 재인식되기 시작하였다.

Check point

퐁파두르(pompadour) 스타일

개화기 이후 국내에 보급된 최초의 스타일로 고종 때 마지막 공관장을 지냈던 김윤창의 부인 고순영과 우리나라 최초의 문학사 하란사가 퐁파두르 스타일에 모자를 쓰고 입국하면서 더욱 화제를 모았다. 이 스타일은 긴 머리에 굵은 웨이브를 넣어 이마를 드러내고 앞머리를 가르마 없이 높게 부풀림으로써 볼륨을 주어 정수리에 묶거나 틀어 얹은 형식으로 모자의 챙 같은 모양을 비유하여 일명 '챙머리'라고도 하였다.

1970년대 상고, 스트레이트, 웨이브스타일을 거쳐 1980년대 보브, 스트레이트, 1990년대 모발과 두피를 생각하는 영양 퍼머, 산소 퍼머, 해초 퍼머, 코팅 퍼머에 이르기까지 컬러의 시대 90년대는 다양한 퍼머넌트와 커트법으로 복고와 현재가 공존하여 새로운 헤어 역사를 풀어나갔던 시기라고 할 수 있다.

Section 2 서양의 가발

우리나라의 상고시대와는 달리, 서양의 선사시대는 다양한 인종들이 족장의 지휘 아래 그들만의 독특한 전통과 종교의식을 통해 미용문화를 발달시켜 왔으며 분장용이나 장식품으로, 또는 위엄을 나타내기 위하여 오래 전부터 사용되어 왔다. 특히 고대 이집트 이전부터 미개한 여러 부족들도 위협으로부터 자신을 또는 부족을 보호하거나, 감정을 표현하는 문화적 수단으로 모발을 꾸미거나 잘라서 자신들의 의지를 표출하는 수단으로 사용하였다.

1. 고대 서양의 가발

가발은 BC 30세기경 고대 이집트에서 시작된 것으로 추정되는데, 이는 머리를 뜨거운 햇볕으로부터 보호함은 물론이고 장식의 역할까지 하게 되었다. BC 12세기경에는 헤나 염료나

등으로 염색을 하였으며 검정색을 가장 많이 썼고, 이때 벌써 빨강 · 파랑 · 노랑 · 초록 등 갖가지 색상이 사용되었다.

왕족이나 귀족 등의 상류계층은 가장 상급의 인모를 사용하였고 양털이나 야자나무과에 속하는 종려나무 잎의 섬유 등을 대용하기도 하였다. 이집트의 가발은 대개 밀랍 등으로 굳힌 컬(curl)로써 브레이드(braid)[3] 형의 모발을 여러 다발로 묶어 가발착용 시에 일반적으로 남성은 최대한 짧게 잘라서 본 모발을 남기지 않은 상태(buzz cut)에서 전두 가발을 즐겨 사용하였고 여성은 자기 머리 위에 가발을 썼다.

모발을 다양하게 꾸밀 줄 알았던 그리스의 여성들은 염색된 가발을 즐겨 쓰거나 두발을 파랗게 물들인 후 금색 · 백색 · 적색의 파우더를 뿌리기도 하였을 뿐만 아니라 꽃이나 새의 깃털 등으로 더욱 아름답게 장식미를 가미하였다.

그림 2-10 이집트 여인의 필수품
(향이 흘러내리는 가발)

그림 2-11 이집트인의 가발

3) 땋은 머리

이처럼 그리스의 여성들은 일반적으로 머리를 풀어 내리거나 목에서 자유롭게 묶은 형태로 때로는 머리를 뒤로 틀어 올림으로써 그물, 리본, 밴드로 묶거나 캡 모양의 원추형 타래 머리를 하였다.

로마에서는 탈모증을 감추거나 변장을 위한 수단으로 가발을 착용하였다는 기록이 있다. A.D 7세기에는 가발과 헤어피스가 유행되는 가운데서도 이러한 탈모 치료를 위해 여러 가지 민간요법들이 활용되는 등 세부적 치료법들이 연구 진행되었다.

여성의 가발은 형태와 컬러가 다채로운 것들이 많이 등장하면서 이를 착용하거나 머리를 땋아서 늘어뜨리거나 둥글게 말아서 쌓아 올리는 등 정교한 형태를 보였다. 이들은 자연스러운 머리 형태의 표현을 위하여 헤어피스를 이용하여 길이를 연장하거나 숱을 보완하는 등의 방법을 사용하였고 가짜 눈썹과 속눈썹 등을 부착하기도 하였다.

물론 염・탈색을 통하여 조화를 시켰을 뿐만 아니라 머리 빗는 일을 하루 일과 중 가장 큰일로 여김으로써 향유와 머리 분을 사용하여 늘 향기가 머무를 수 있도록 가꾸었다.

주로 상류계층의 여성들은 숙련된 노비로 하여금 향유와 머리 분을 사용하여 빗게 하고 황색으로 염색하였으며, 하류계층은 노랑이나 청색으로 염색하였다.

Check point

색과 신분

금발(황색)은 인간이 염·탈색을 시작한 이래 처음으로 고귀하게 여겼던 색상 중의 하나로 칠흑같이 어두운 밤과는 달리 환히 비추는 '햇빛'을 상징함으로써 사상적·미적 상징성을 대변하였으며 곱게 치장한 얼굴에 금발로 염색한 머리 또는 염색된 가발을 쓴다는 것은 많은 서민들의 선망의 대상이 되었다. 그리고 금발에 도전하지 못하는 하류계층들은 여러 가지 다른 색상으로 염색함으로써 색의 다양화를 이끌어 내었다.

로마제국 멸망 이후 근 1,000여 년 동안에 서양은 가발이 공식적인 활성화가 되지 않은 시기였는데, 이는 상당 부분 종교적 교리나 관행이 영향을 미쳤으리라 유추될 뿐, 가발 미착용 원인은 아직까지 알려지지 않았다.

로마네스크(11~13C) 시대의 여성들은 앞가르마를 타고 두 · 세 가닥으로 머리를 길게 땋아 내려뜨린 형태 또는 가발이나 리본과 함께 감아내려 발까지 닿을 정도로 타래를 드리우기도 하였으며 상류층에서는 관을 쓰거나 원형 또는 장방형의 베일을 써서 얼굴만 나오게 구멍을 뚫기도 하였다.

반면에 남성들은 기존의 짧은 단발을 고수하거나 어깨까지 늘어뜨려 변화를 시도하기도 하였으며, 코이프(coif), 후드(hood), 케이프(cape) 소매없는 외투 등으로 머리를 감싸 얼굴만 내놓기도 하였다. 특히 윔플(wimple)로 불리는 장방형의 긴 천을 두르고 그 위에 반원형의 베일을 쓴 쓰개의 형태는, 종교적 관습의 영향을 받아 수녀나 미망인의 필수적인 형태였다. 가발은 머리 색상의 변화를 주기 위한 목적으로만 착용하였을 뿐이고 활성화되지 못하였다.

2. 중세 서양의 가발

그후 다시 가발이 서양역사의 장을 메우게 되는 것은 르네상스기인 16세기경이다. 이때의 가발은 이전의 그것과는 달라서 그 사용은 탈모를 감추거나 미용을 목적으로 하였으며 부분가발이 유행하였다. 특히, 남성용 가발은 1624년 프랑스의 왕 루이 13세가 자신의 때 이른 탈모를 감추기 위해 쓰기 시작하였는데, 이러한 여러 요인 탓에 가발은 상류 사회의 물결에 합류하였다.

16세기는 남성의 헤어와 더불어 수염 스타일에서도 많은 변화가 나타났으며, 특히 이 시기 턱수염에도 색상을 첨가하거나 '비고텔'이라는 수염주머니에 수염을 싸고 잠잘 정도로 이를 소중히 여기는 등 인간에게 있어서 헤어뿐만 아니라 '털'이 인간 인체의 하나의 존재물로써 그 의미를 더하였다고 볼 수 있다.

Check point

가발의 전성기 예고

영국의 엘리자베스 여왕은 80여 개의 다양한 컬러 가발을 의상에 따라 맞추어 썼으며, 남성용 가발은 루이 13세가 가발을 쓰기 시작하면서 상류사회에 유행의 물꼬를 트기 시작하였다. 이러한 가발 예찬론은 상류층으로 급속히 전파되었는데 프랑소아 앙리 2세의 왕비 마르게리테드 발로아는 헤어 스타일 변화에 관심이 많아 시종들의 금발을 잘라 가발의 재료로 사용하거나 떡갈나무 가루에 향기를 넣어 회색 머리로 보이게 하였을 뿐만 아니라, 스코틀랜드의 여왕 메리 스튜어트(Mary Stuart)는 단두대에 오르는 날까지도 날마다 가발을 바꿔 쓰는 등 왕실의 가발 예찬은 다음 시대의 가발전성기를 예고하였다.

그림 2-12 찰스 2세의 전두가발

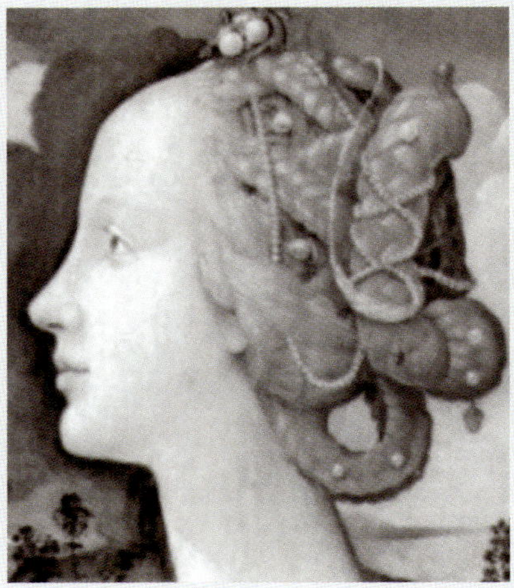

그림 2-13 이상형의 금발미인

바로크(Baroque) 시대의 여성은 가장 여성스럽고 풍성한 헤어스타일을 자랑하였다. 프랑스 궁전을 시작으로 유럽 전역에 가발이 유행하게 되는 이 시기는 가발을 쓸 때 흔히 전분이나 밀가루로 만든 분을 가발에 뿌리는 것이 관례였다. 말이나 양털 등이 주요 소재로 사용되거나 회색 및 청동색의 가루를 뿌리기도 하였으며, 가발을 쓰지 않은 경우에도 최신 유행의 가발 스타일로 머리를 단장하고 분을 뿌리는 것이 일반화되었던 바, 이러한 연유로 18세기 초상화에 등장하는 남자들의 머리는 대부분 백발로 보이는 것이다.

Check point

태양왕 루이 14세

루이 14세(1638. 9. 5 ~1715. 9. 11)는 프랑스 봉건시대가 끝난 후 부르봉왕조 절대왕정의 대표적 전제군주로서 파리고등법원의 칙령심사권을 박탈하여 단순한 최고재판소로 격하시켰으며, 베르사유궁전을 지어 유럽 문화의 중심이 되기도 하였으나 이는 화려한 궁정생활로 나라를 재정 결핍에 빠뜨리고 절대왕정의 모순이 증대함으로 인해 이후 프랑스혁명의 원인이 되었다.

그림 2-14 루이 14세와 가족들

그림 2-15 파리의 가발사

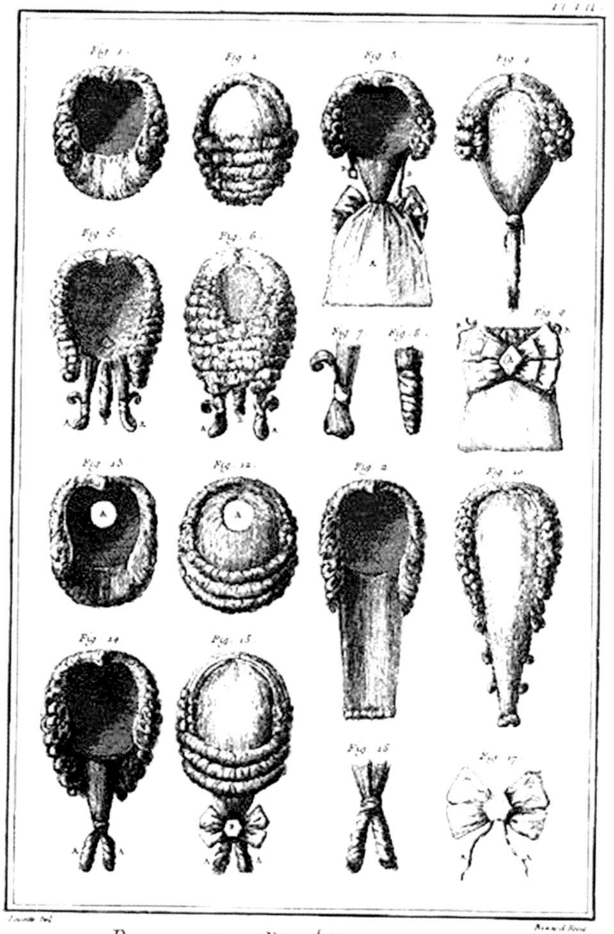

그림 2-16 17세기의 남자가발의 유형 (파리 장식예술박물관)
(디드로와 알랑베르의 백과사전에 실린 여러 가지 가발, 1762~1772)

루이 13세는 머리숱이 적고 탈모증이 있었으며 긴 머리 스타일을 선호하여 가발을 즐겨 썼다. 이러한 연유로 루이 13세의 머리 형태는 독특한 취향만큼이나 가발의 형태 또한 상당히 발전한 형태를 띠게 되었으며, 상류층의 귀족 부인들이 이를 흉내 내기 시작하면서 다양한 형태의 가발 스타일이 생겨나게 되었다. 반면, '태양왕'이라고 불린 루이14세의 헤어스타일은 오늘날 프랑스가 지닌 헤어 디자인에 대한 모든 기술의 기초를 만들어 냈으며 33세 때부터 가발을 쓰게 되면서 1656년에는 40인의 가발사를 궁전으로 초대하였다.

개인 가발제조자인 비네(Binet)를 통해 컬이 들어간 긴 가발을 창조하여 쓰는 등 사치스런 군주로서 '루이 왕조의 꽃'이라 불리는 베르사유 궁전(Palais de Versailles)의 화려함과 함께 그 호화로움은 가발의 황금시대를 대변하기도 하였다.

Check point

가발사의 신분상승

루이 14세는 가발 전용 룸에 5명의 가발사를 두고 삭발까지 강행하며 가발을 쓰는 것을 즐겼으며 이를 계기로 개인의 취향과 직업에 맞는 다양한 가발이 개발되었다. 이렇듯 왕실의 사랑을 독차지한 가발사들은 왕실의 신뢰뿐만 아니라 부와 권력을 동시에 행사할 수 있을 만큼의 능력을 과시하며 직업적 신분상승을 확고히 하였는데 그렇지 못한 가발사들은 평민들을 대상으로 중고가발을 수리해 주거나 판매하는 일도 하였다.

17세기를 거쳐 18세기 초까지 유행했던 크고 무거운 형태의 컬(curl)인 전두 가발(full-bottomed wig)의 형태는 지나친 무게감으로 실용성이 떨어졌기 때문에 18세기로 들어서면서 점차 가볍고 크기 또한 작아져서 용도와 기능에 따라 형태도 다양하게 만들어졌다. 특히 영국의 찰스 2세는 왕정 복고(1660년) 이전 프랑스에서 오랜 망명생활을 하였던 터라 그가 왕위에 오르면서 영국에서도 가발이 유행하게 되었다.

특히 전쟁에서도 여전히 가발은 유행을 빗겨가지 못해 지나치게 무거운 전두 가발보다 가벼운 형태의 종군 가발(campaign wig)이 주로 사용되었을 뿐만 아니라 이후 더욱 작고 가벼운 주머니 가발(bag wig) 스타일이 생겨나면서 오래도록 인기를 누렸다.

바로크의 여성들 또한 진한 화장을 하고 인형처럼 투명한 피부를 표현하기 위해 백분을 사용하거나 강한 향수를 뿌림으로써 몸 냄새를 제거하고 핑크나 오렌지 등의 강한 볼 터치와 눈 화장, 뷰티패치(beauty patch)라고 하는 얼굴에 모양을 만들어 붙이는 등 미용의 극대화를 추구하였다.

이 시기에 미용에 관한 관심도는 다양화된 헤어스타일만 보더라도 한눈에 알 수 있는데 머릿속에 가발을 넣고 포마드로 굳혀서 높이 빗어 올린 후 보석과 진주 장식을 하거나 의상에 따라 두상의 톱 부분을 부풀려서 전두부가 오르간 파이프와 같이 빳빳하게 서는 형태인 퐁탕쥬(fontange) 스타일, 앙클레즈(달걀노른자 모양) 스타일, 캐비지(양배추 모양) 스타일, 루이 14세 때 유행했던 위를뤼베를뤼 스타일의 머리형 등 기교가 극대화된 스타일들이 바로크를 풍미하였다.

그림 2-17 bag wig(1780)

바로크 시대의 길고 무거운 대형 가발 스타일과는 달리, 로코코 시대에는 전체 가발과 함께 가벼운 형태의 부분 가발 또한 유행하게 되는데, 특히 남성들의 스타일은 가발을 제외하고는 생각할 수도 없을 정도였으며, 여성들 역시 초기 퐁탕쥬 스타일에서 부풀림 없이 빗어 넘겨서 조화나 깃털이나 리본 등으로 장식하는 퐁파두르(ompadour) 스타일로의 변형되었고, 머리 다발로 속을 채워 부분 가발로 겉 모양을 낸 푸프 스타일(pouf style) 등에 이르기까지 초기와는 달리 후기로 갈수록 그 높이와 장식적 면에서 건축적 양식에 버금가는 등 개인의 취향이 사회의 전면을 대변하기도 하였다.

그림 2-18 여러 종류의 가발들 (1773년 10월)

첫째 줄. 혁대 모양의 바퀴를 한 짧은 단발머리 가발, 회색가발, 비둘기 날개의 tie형 가발, Staring 가발, 감독의 가발.

둘째 줄. 주머니 가발, 짧게 늘어뜨린 가발, 길게 늘어뜨린 가발 그리고 Campaign가발.

전 시대를 비추어 18세기는 가발이 가장 전성기를 이루었던 시대라 할 수 있는데, 이는 중반 이후의 남성의 헤어스타일이 곧 가발의 스타일이었다고 해도 과언이 아닐 정도였다.

이 시기 풀버텀 위그(Full bottom wig)는 무겁고 거추장스러울 뿐만 아니라 유행에도 뒤떨어진다고 하여 전문직 종사자나 보수주의적 신사 및 궁중 등에서만 유지되었을 뿐이고 대부분은 새로운 양식의 다양한 스타일의 가발을 선호하였으며 가발에 가루를 뿌리거나 115종류의 가발을 소개한 '가발백과사전'이 1764년 프랑스에서 출판되기도 하였다.

그림 2-19 18세기 남자가발 유형

풀버텀(Full bottom wig)처럼 거대하고 무거운 가발은 자신의 머리를 면도하거나 짧게 깎아야 꼭 맞게 쓸 수 있었고 활동하는 데 지장을 초래하였으나 18세기 초까지 서유럽 상류층에서는 필수적이었다.

3. 근·현대 서양의 가발 – 전성기를 누린 가발의 대표적 유형

① **보브 위그**(bob wig) : 머리를 뒤로 빗어 넘겨 목이 보일 정도로 짧거나 목을 가리는 긴 것으로 머리끝은 둥근 컬이나 웨이브가 지며 모든 계층에서 정장이 아닌 복장을 할 때 썼고 1790년까지 쓰였다.

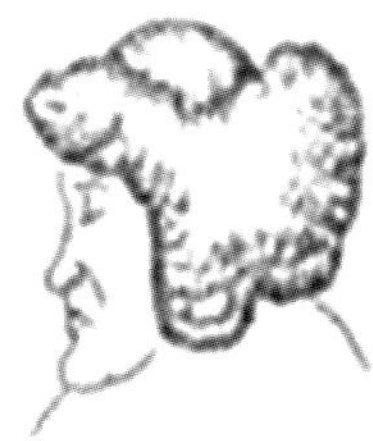

② **카도간 위그**(cadogan wig) : 머리를 뒤 중심에서 모아 리본으로 묶고 리본의 나머지 부분을 앞 목에서 브로치로 고정시킨 것이다.

③ **커트 위그**(cut wig) : 매우 작고 짧으며 마부, 직공, 기수들이 착용하였다. 머리 전체를 곱슬거리게 연출하거나 굵은 웨이브, 직모 스타일로 착용하였다.

④ **피그테일 위그**(pig tail wig) : 길게 땋은 머리를 검정색 리본으로 감아 주어 마치 꼬리처럼 보이고 머리끝과 뒷목에서 리본을 나비형으로 묶어 주었다. 피그테일 위그는 정장이 아닌 복장에 썼고 매우 스마트한 헤어스타일로 간주되었다.

⑤ **백 위그**(bag wig) : 머리를 검정색 네모난 주머니에 넣고 뒷목에서 검정색 리본으로 나비처럼 묶어 주는 것으로 정장 차림에 이 가발을 썼다.

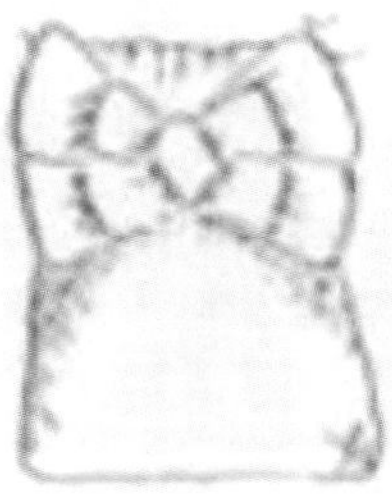

⑥ **라밀리 위그**(ramillie wig) : 영국 근위병 장교나 젊은 층을 중심으로 길게 땋은 모발을 늘어뜨려서 모발 끝을 리본으로 묶거나 두피와 가까운 뒷목과 모발 끝의 두 군데를 모두 묶은 스타일이다.

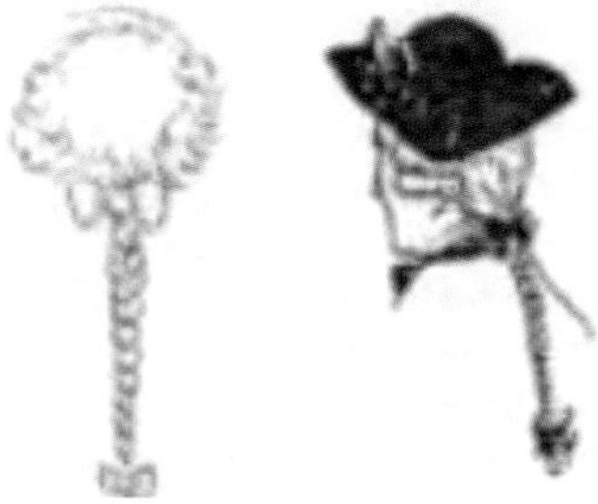

⑦ **페리 위그**(peri wig) : 앞머리를 뒤로 빗어 넘긴 형으로 곱슬거리는 머리카락이 어깨와 앞가슴으로 내리덮이며 가루를 뿌린 형태.

⑧ **투페**(toupee) : 위로 넓게 퍼지게 앞에서 뒤로 빗어 넘김으로써 정수리나 목 쪽으로 머리 전체를 앞머리로 덮은 형태로, 극단적 과정형태인 Marcaronis와 높이가 낮아지고 다시 뒤로 넘기는 grecque의 형태 등이 있다.

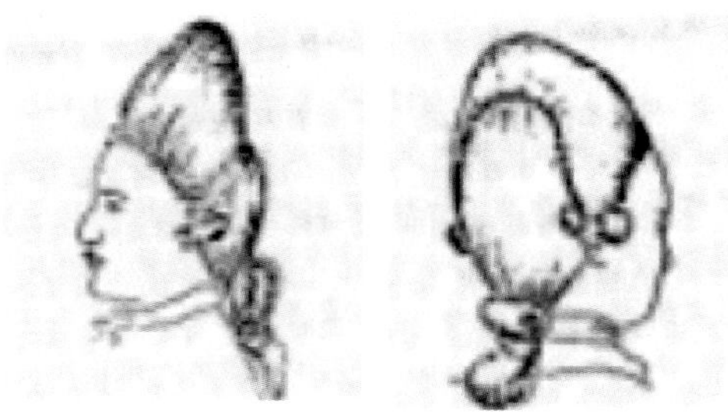

⑨ **스크래치 위그**(scratch wig) : 평상시에도 착용 가능한 작은 가발을 총칭하는 형태.

⑩ **폴톱 위그**(fortop wig) : 자연모나 가발의 앞머리를 toupee라고 칭하며, 솟아서 퍼진 fortop 형태를 일컫는다.

⑪ **버클리 위그**(buckles wig) : 옆머리 가발로서
1~5개까지의 수평적 roll curl을 한 형태이다.

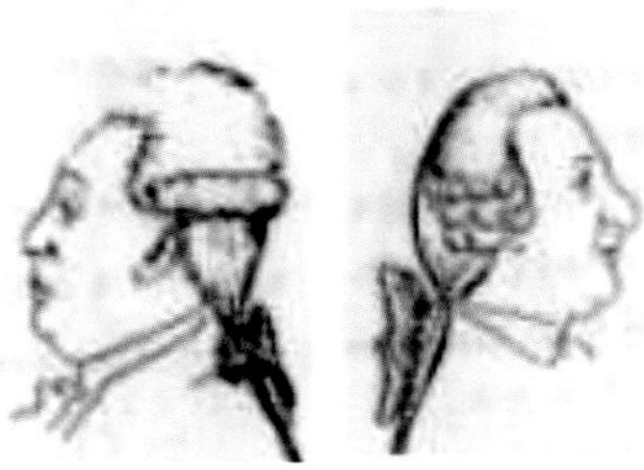

⑫ **캠페인 위그**(campaign wig) : 숱이 무척 많고 북실거리는 knotted wig를 일컫는 형태로 travelling wig라고도 한다.

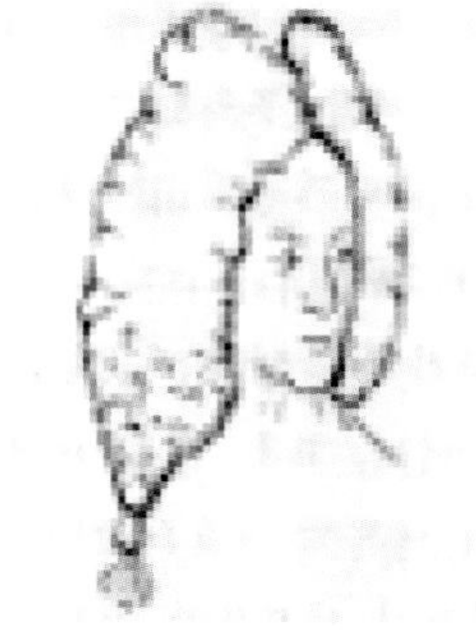

⑬ **컬브 위그**(culb Wig) : toupee와 균형을 맞추기 위해 카토간(club)을 매우 크게 한 형태이다.

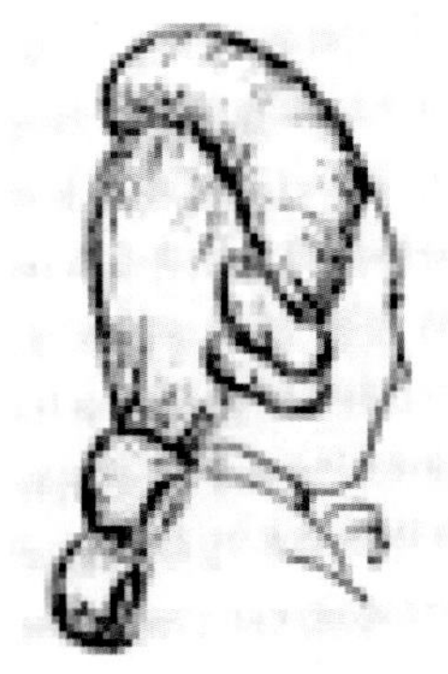

⑭ **피죤윙스 위그**(pigeon wings wig) : 자연스러운 잔 곱슬이나 굵은 곱슬을 늘어뜨린 형태이다.

⑮ **소리테일 타이 위그**(solitaire tie Wig) : 머리를 묶는 리본 꼬리를 길게 하여 목 뒤에서 앞으로 돌리고 앞쪽에서 묶은 형태.

⑯ **메이저 위그**(major wig) : major wig는 1개의 땋은 머리를, brigadier wig는 2개의 땋은 머리를 작은 리본이 가발 옆쪽 아래에 장식되도록 한 형태로써 혼용하여 사용하였다.

⑰ **브리가데일 위그**(brigadiere wig) : full-bottom wig가 짧아지면서 땋아 늘린 머리도 수요가 감소하였으나, 매우 긴 땋은 머리 가발을 선호하는 경우도 있었다.

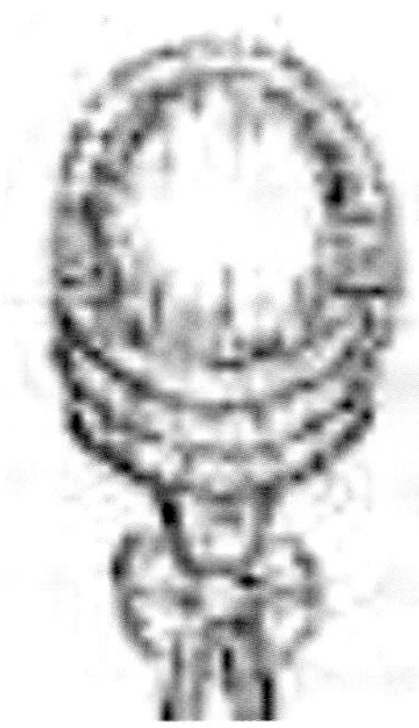

인조미의 극치를 이룬 이 시대의 여성 가발은 짧게 컬한 두발이나 울(wool)로 덮인 캡을 쓴 후 본인의 두발처럼 보이게 하려고 가발을 넣은 것을 덧붙여 머리 위에 장식하거나 본래 머리를 밀고 별도로 만들어진 가발을 착용하기도 하였다.

이 시기에는 헤어에 있어서 건축적 양식이라 불릴 정도로 가능성의 한계에 도전한 스타일들이 두각을 나타내었는데, 1760년을 기점으로 점점 더 높고 거대해진 이 헤어스타일은 예술적이고 환상적인 로코코의 여성이라 불리던 마리 앙투아네트 시대에는 높이와 장식 및 기교면에서 전무후무(前無後無)한 스타일을 완성하였으며, 이들에게 주어진 시간은 많은 것을 대변해 주는 요소였다.

그 대표적인 예로 1768년 거대한 푸프 스타일(pouf style)을 들 수 있는데 이는 1769년까지 1,200종류의 다양한 스타일들이 존재하였다는 점을 참작해 볼 때 개인의 외모에 대한 관심이 어느 정도였는지를 짐작할 수 있다.

그림 2-20 푸프 스타일

그림 2-21 가발 풍자 이미지

근대는 프랑스 혁명 이후 신고전주의로 전향된 로코코 귀족들의 사치스러운 머리 장식은 시민중심의 단순한 스타일로 전환되면서 귀족들도 자신의 머리를 기르기 시작하였고, 목사나 학자 등의 극히 일부 계층만이 19세기 초까지 가발을 착용하였다.

여성들 역시 비교적 짧아진 헤어스타일의 뒤에서 늘어뜨린 간단한 그리스 스타일로 가짜 머리 다발을 이용하여 쪽(bun, 타래 머리)을 지기도 하였으며 부유층은 역시 가짜 가발이나 머리 다발을 부풀리고 손질하여 그들만의 부를 과시함과 동시에 신분과 지위의 상징물로 사용하였다.

미용이 문화의 한 주류로 자리 잡고 그 중요성을 인정받을 수 있는 배경이 된 것은 대중문화형성이라는 큰 배경이 뒷받침되었으며, 이러한 변화는 당연 19세기 초 프랑스 혁명과 중반의 산업혁명이 낳은 결과물이라 할 수 있다. 이러한 산업화 · 도시화 · 근대화의 물길을 타고 화학기술, 화장품 제조술, 또한 개선 · 발달되면서 더욱 자연스러운 화장과 함께 한층 간편해진 가발 스타일이 전성기를 이루었다.

나폴레옹 시대(1799～1814)의 프랑스는 그리스 시대 복고형인 티투스(titus) 형으로 머리를 짧게 깎거나 컬을 부분적으로 늘어뜨리고 머리를 뒤쪽으로 높게 치켜들어 빗은 후 리본으로 묶는 형태 또는 다양한 색상의 염색 가발과 색색의 헤어 파우더를 즐겨 사용하였다.

로맨틱 시대 남성들은 정수리가 굴뚝처럼 높아진 실크 해트(hat)를 착용하고 여성들은 고전적 스타일을 뒤로 하고 다시 머리 양 옆이나 뒤에 가발을 덧붙여 크게 결발한 스타일을 유행시켰다. 크리놀린 시대 역시 여성들에겐 사상 최대 폭의 치마가 유행하면서 헤어스타일 역시 유제니 왕비의 스타일을 흉내 내고자 염색약과 탈색제를 이용한 스타일을 하였을 뿐만 아니라 머리빗, 생화, 조화, 비단, 벨벳, 리본, 레이스, 깃털 등 다양한 장식품으로 장식을 하였다.

버슬 시대 남성들의 머리는 더욱 짧아지고 콧수염과 턱수염이 유행하였으며 여성들은 크리놀린 시대의 유행을 그대로 이어받음과 함께 더욱 정교하고 다양하게 스타일을 변형시켰다.

4. 현대 서양의 가발

1900년대 느슨한 형태의 퐁파두르 변형형 또는 신개념의 마샬 웨이브(Marcel wave)가 유행하면서 앞머리도 적갈색으로 염색하였다. 이 시기는 인류역사상 과학기술이 가장 급속도로 발달한 시기임과 동시에 아르누보(art nouveau)라는 새로운 문화 예술 양식을 낳기도 하였다. 1920년대 1930년대를 거치면서 무겁고 직선적인 짧은 단발 커트인 보브 스타일과 다시 부드러운 페이지 보이 스타일인 긴 단발 형태로 바뀌면서 금발의 유행과 함께 염색의 시대가 열렸을 뿐만 아니라 1940년대에는 제2차 세계대전(1939~1945)으로 인한 전반적 사회분위기가 권위주의에서 대중 중심으로 변화하면서 인모나 화학모가 주소재로 등장하면서 가발이 더욱 자연스럽고 간편해지는 등 활동적이고 실용성 있는 복식과 헤어스타일을 추구하였다.

전쟁의 시대가 막을 내리고 영화와 TV 등 스타들의 헤어와 복식을 모방하기 시작한 1950년대는 독특하게 하류계층의 패션이 처음 상류층으로 스며들면서 가발을 착용하지 않은 다양한 형태의 본 머리만의 헤어스타일이 큰 인기 몰이를 하게 되었다.

그림 2-22 비달사순 시니온(1960)

그림 2-23 가발 트렌드(1970년)

1960년대로 접어들면서 현대적 헤어피스와 가발이 처음으로 재등장하게 되면서 70년대 남녀 스타일의 문화적 공존기를 거침으로써 80년대 90년대는 대중매체의 발달과 함께 다양한 스타일의 공존과 쇠퇴기를 함께하면서 헤어컬러가 대유행을 이끌어냈을 뿐만 아니라 인종과 개인의 특징, 모발의 결, 색상 등을 중요시하여 일률적 유행 패턴이 아닌 개성에 맞는 유행표현 방식으로 전환되 었다.

Chapter 3
위그(WIG)의 개념

Chapter 3

위그(wig)의 개념

Section 1 위그의 분류

1. 위그의 쓰임새에 따른 분류

(1) 패션(멋내기용) 위그

패션 위그(wig)는 전두용, 반두용, 액세서리용 등이 있으며 연극용, 마네킹용, 코스프레용 등이 있다. 멋내기 위그는 말 그대로 멋을 내거나 변화된 모습을 위해 사용한다.

여성의 경우 다양한 모습과 개성을 연출하기 위해 때에 따라 다양한 모발 컬러를 가진 가발을 사용하며, 여성 탈모자의 경우도 남성만큼 탈모가 심하지 않으므로 부분적으로도 커버가 가능한 패션 위그를 사용하는 경우도 있다. 그러나 탈모가 있는 경우, 패션 위그 사용에 있어 패션 위그는 거의 100% 인조로 된 모발이므로 두피 호흡에 장애를 주어 탈모를 가중시킬 수 있다는 점이 우려된다.

또한 최근에는 자신의 모발 기장을 늘리는 방법으로 붙이는 가발도 있다. 이는 머리의 길이를 길게 하기 위하여 본인의 모발에 인조 모발을 붙여서 일시적으로 사용하는 방법인데, 비용이 많이 들고 시간도 오래 걸리며 관리가 힘든 것이 단점이다. 패션 위그의 장점은 비교적 낮은 가격으로 자신의 개성에 맞게 선택하여 언제 어디에서든 자신의 개성연출이 자유로운 데 있다.

Check point

코스프레

'코스프레'란 '코스튬 플레이'라는 말에서 나왔으며, 최근 들어 '코스'라고도 말한다. 이는 컴퓨터 게임이나 만화 속의 등장 인물로 분장하여 즐기는 일을 의미하는 것으로 만화나 게임, 영화 등의 등장 인물이 되어 보는 놀이라고도 설명할 수 있다. 최근 젊은이들 사이의 트렌드는 코스프레시 옷이나 가발·소품 등은 사서도 입기도 하고 직접 만들어 입기도 한다.

'코믹월드'라는 행사에는 늘 코스프레가 성행하는 것을 볼 수 있으며 의상은 물론 액세서리와 독특한 가발이 주요 아이템이 된다. 젊은층을 중심으로 확산되는 파티 문화로 코스프레 산업의 성장은 당분간 확대·지속될 것으로 보인다.

그림 3-1
패션 위그 사례 : 웨딩

그림 3-2　패션 위그 사례 : 파티

그림 3-3 패션 위그 사례 : 계절과 모자

그림 3-4 패션 위그 사례 : 코스프레 (1)

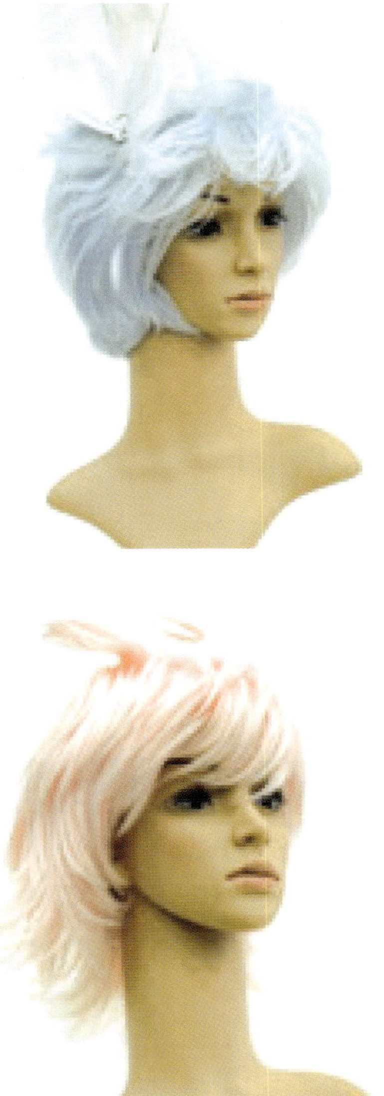

그림 3-4 패션 위그 사례 : 코스프레 (2)

그림 3-5 패션 위그 사례 : 계절 컬러

그림 3-6 패션 위그 사례 : 어린이용 위그

그림 3-7 패션 위그 사례 : 이벤트용 위그

그림 3-8 패션 위그 사례 : 베이비용 위그 (돌잔치사진 용)

그림 3-9 패션 위그 사례 : 크리닉 위그 (항암치료 후)

Check point

패션 위그의 디스플레이

고객의 노출이 꺼려지고 위그 디스플레이가 개방되어 있지 않은 탈모용 위그와는 달리 패션 위그는 업장에서의 디스플레이가 고객의 위그 선택에 주요 요소가 되고 있다. 위그는 어떤 가발 걸이에 어떻게 전시해 놓느냐가 그 위그가 가진 매력을 표현하는 중요한 고객 마케팅이 된다. 또한 위그와 함께 전시되는 액세서리 역시 전시된 위그를 돋보이게 하는 중요한 요인이 될 것이다.

그림 3-10 위그 디스플레이용 마네킹

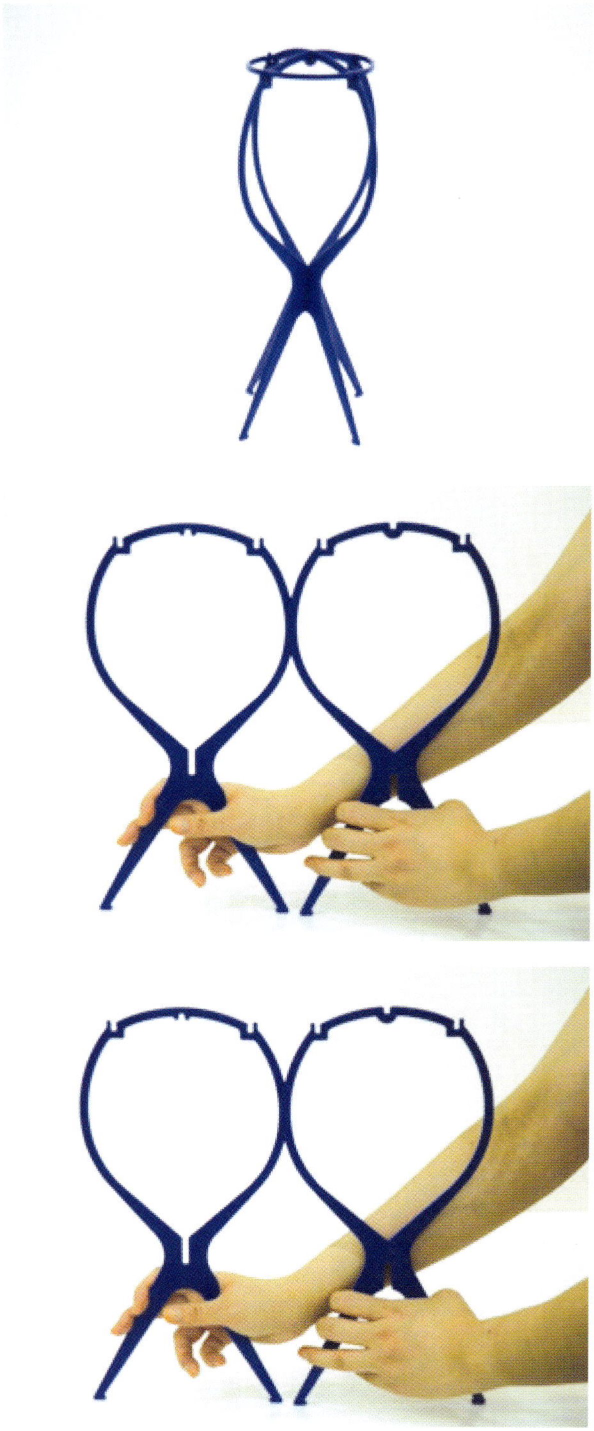

그림 3-11　가발걸이 만들기

(2) 탈모(맞춤형) 가발

탈모용 위그는 보통 투페(toupet)라고 부르며 전두용과 부분용으로 나눌 수 있다. 부분 위그의 경우는 개인마다 탈모된 부위의 모양이 다르고 크기와 모양도 다르므로 다양한 위그가 만들어지게 된다.

그러므로 각 개인의 모 굵기, 모 색깔, 모량의 조절은 물론이고 그 사람의 직업과 나이도 고려하여 제작해야 하며 착용했을 때 누가 보아도 원래 자신의 모발과 같다고 느낄 만큼 정교해야 한다.

2. 위그의 사용범위에 따른 분류

(1) 전체 가발

말 그대로 머리 전체를 덮어씌우는 스타일의 가발이다. 전체 탈모의 보완이나 헤어스타일 전체를 바꾸고 싶을 때 사용할 수 있다.

(2) 반 가발

반 가발은 앞머리 부분을 제외한 뒷머리 부분만 씌우는 스타일을 말한다. 이것만 씌워 놓으면 마치 중국 영화 속의 유명 배우인 황비홍을 연상케 한다. 머리띠 등과 함께 사용해야 티가 나지 않는다.

(3) 부분 가발

주로 묶음머리 스타일이 많이 쓰이는데, 짧은 기장의 헤어스타일이 긴 포니테일 스타일로의 변신이 가능하다.

(4) 헤어피스(hair piece)

1~2년 전쯤 큰 유행을 탔던 아이템이다. 몇 가닥의 인조모를 색색의 컬러로 물들이거나 땋아 내린 스타일로 머리카락 안쪽에 살짝 붙여서 포인트를 준다.

(5) 붙임 머리(extenison)

'잇는다'란 뜻의 익스텐션은 축모를 가진 흑인들의 모발을 길어 보이게 하는 데서 비롯되었다. '짧은 머리를 길게 만든다'라고 하여 '붙임 머리' 라고도 한다. 한국에는 10년 전에 소개되어 일부 연예인 및 특정인들이 시술하였으나 최근 젊은이들에게 유행처럼 번져 나가서 대중성을 띠게 되었다.

단발에서 허리까지 오는 기장의 모발을 변화시키거나 액세서리로 색상을 넣어 부분적으로 변화를 주고 싶을 때 등 목적과 용도가 다양해졌다. 재료는 인모나 인조모를 이용하며 시술방법으로는 아이롱 기법과 실리콘 기법, 최근에 사용되는 링(ring) 기법 등이 있다.

(6) 위그 액세서리

머리카락을 감아놓은 듯한 슈슈, 땋은 머리를 둘러놓은 듯한 머리띠, 만두머리, 집게, 달비 등도 액세서리를 이용한 부분 가발이다. 잘 이용하면 자연스럽고 독특한 느낌을 줄 수 있다.

3. 위그의 부착방법에 따른 분류

위그의 착용방법은 크게 탈부착식과 고정식으로 나누어 볼 수 있다. 고정식과 탈부착식의 결정도 매우 중요한 사항이므로 고객과 충분한 상담이 이뤄져야 한다. 대체로 탈부착식은 나이가 많은 층에서 선호를 하며 땀이 많거나 피부가 예민한 사람도 선호한다. 이 방법은 세계적으로 가장 보편적으로 많이 보급되어 있고 사용하기 편리해서 본인 스스로 탈 · 부착할 수 있는 것이 장점이다.

고정식은 탈모 부위를 면도한 뒤 평균 한 달 정도 실리콘 접착제를 이용하여 가발을 두피에 접착시킨다. 한 번 착용하면 일상에서 가발이 벗겨지는 것에 대한 불안감은 거의 없으나, 긴 착용으로 답답할 수 있고 가발과 접착부위 사이에 공간이 생길 수 있다. 고정식은 심한 운동이나 바람 또는 물 등에 벗겨지지 않고 표시가 거의 나지 않기 때문에 운동량이나 활동량이 많은 비교적 젊은 층이 선호한다. 그러나 그 부착력이 15~25일 후에는 약해지기 때문에 다시 고정시켜야 된다는 단점이 있다.

(1) 탈부착식

탈부착식이란 필요에 따라 고객이 자유자재로 썼다가 벗는 방법으로 보통 '클립(clip)'을 사용한다. 클립형 탈부착방법에 필요한 클립들은 형태에 따라 일자형 클립 U자형 클립이 있으며, 크기에 따라 각각 9발, 7발, 6발로 분류된다. U자형 클립은 단단하게 잘 부착되지만 탈부착식시 아프거나 따가운 단점이 있어서 최근 들어 대부분 일자형 클립을 선호하는 추세이다.

9발은 가장 큰 클립이며, 6발, 7발은 작은 클립에 해당되는데, 남성용 가발은 9발을 4개 부착하는 것이 통상적이지만 경우에 따라 모발이 작거나 견인성 탈모의 우려가 있는 경우, 또는 금속성 알레르기 및 안경걸이나 관자놀이의 불쾌감 등이 있는 경우에는 6발이나 7발의 작은 것 5개를 사용하기도 한다. 클립의 색깔은 한국인은 주로 블랙컬러를 많이 사용하며, 그 외의 다양한 색깔은 인종에 따른 모발색과 망에 따라 다르므로 수출용 가발에 사용된다.

표 3-1 탈부착식의 종류와 특징

구분		내용
클립식 (Clip)	장점	① 장년층에서 주로 착용하는 탈 · 부착 가능 방식 ② 항상 가발을 착용하지 않을 경우 필요시만 착용가능 ③ 제모에 대한 거부감이 없음 ④ 다른 착용방식에 비해 수명이 길다 ⑤ Pin식, Button식, One-attach식 등
	단점	① 클립을 사용하여 본 머리와 고정하므로 기존모발의 견인성 탈모에 대한 불안감과 자모 손상을 유발 ② 탈모 이외의 주변 모발이 건강해야 함 ③ 클립 위치 부분까지 가발이 크게 제작되어야 함 ④ 격한 운동이나 레포츠 시 제약을 받을 수 있음 ⑤ 가발과 두피 사이에 모발이 존재할 수 있으므로 가발이 두피에서 떠 있는 듯한 불안감이 있을 수 있음 ⑥ 금속 알레르기가 있는 사람은 주의
테이프식 (Tape)	장점	① 청년층과 중년층이 주로 선호하는 테이프 자유 탈 · 부착 방식 ② 샴푸가 자유롭고 위생적 두피 환경이 가능 ③ 두피와의 밀착력이 있어 가발의 들뜸으로 인한 불안감이 없음 ④ 탈모지점 이외의 불필요한 제모를 하지 않아도 됨 ⑤ 사우나 또는 헬스 등 일상생활의 제약이 거의 없음 ⑥ 접착력 약화시 자가 수정 가능 ⑦ 탈모주변 모량이 적거나 금속 알레르기가 있을 경우 ⑧ 접착식(adhesion), 테이프(tape)
	단점	① 가발이 접착될 부분만큼의 제모가 필요 ② 일정기간 경과 후 테이프를 교체 ③ 접착부위에 끈적한 부착성 찌꺼기가 남을 수 있음 ④ 땀이 많은 사람의 경우 테이프 교체 시기가 빠름 ⑤ 과격한 레포츠는 피하는 것이 바람직함 ⑥ 가발이 벗겨질 우려 ⑦ 두피 트러블 우려

그림 3-12 클립의 종류

Check point

여성용 톱피스(top piece)

여성 탈모는 확산형 탈모로 헤어라인을 제외한 두정부 부분의 모발 숱 감소가 두드러지는 것이 특징이다. 그래서 여성 탈모인들에게 가장 유용한 위그가 클립형 톱피스이며, 고객의 모발 길이에 따라 모발이 긴 톱피스와 짧은 톱피스 중 선택하게 된다. 톱피스는 호르몬이 감소하는 나이에 주로 사용하며 인모 피스가 대부분이다. 위그 디자이너의 커트, 펌, 세팅, 드라이, 염색, 코팅을 통해 자기에게 맞는 헤어스타일을 연출한다.

여성 톱피스 중 '보톡스'라는 애칭을 가진 톱피스는 머리 숱이 부족하거나 두상의 결점을 보완하는데 고객 모발의 안쪽에 클립으로 끼우고 자가 모발을 내리면 볼륨감을 주어 전체 헤어라인을 풍성하게 만든다. 한 명의 고객에게 1개의 피스 혹은 1~2개의 피스를 사용해서 결점을 보완한다.

그림 3-13 톱피스의 종류

(2) 고정식

고정식, 즉 부착식에는 보통 테이프식과 접착제식이 있는데, 테이프식이나 접착제식은 두피에 직접 테이프를 붙이거나 특수접착제를 사용해서 가발이 고정되어 움직임이 없게 하는 방법이다. 고정식의 형태로 결속식은 자신의 모발을 몇 군데 약간 꼬아서 가발과 접착시켜 고정시키는 방법을 말한다.

표 3-2 고정식의 종류와 특징

결속식 (Weaving)	장점	① 탈모부위 제모의 번거로움 없이 가발과 자모 결속 ② 과격한 레포츠나 목욕, 수영, 수면이 가능 ③ 잘 벗겨지지 않음 ④ 부착력이 한 달 전후로 오래 감 (20~30일 가량)
	단점	① 결속부분의 견인성 탈모 우려 ② 본모발의 성장으로 인해 가발과 두피의 밀착력 약화– 오랜 부착기간으로 인한 갑갑함과 불안감 조성 ③ 자가 수정 불가로 필수 관리상 번거로움 발생
특수 접착식 (A/Cling)	장점	① 두피에 밀착해 있어 들뜸현상이나 심리적 불안 감소 ② 수시 탈 · 부착의 번거로움 없이 20~30일 부착 가능 ③ Banding식, A/Cling식, H/gule식, Bonding식 등
	단점	① 자가 수정 불가로 반드시 센터를 방문 재부착 ② 부착한 상태로 샴푸를 하므로 개운하지 않음 ③ 두피 알레르기나 트러블 등의 위생상 부작용 유발 ④ 일정기간을 부착한 상태로 지내므로 갑갑함 ⑤ 부착 상태로 샴푸나 스타일링을 하므로 가발의 수명 단축 ⑥ 땀이 많은 사람은 부착지속력 저하

증모 (Addition)	장점	① 자모 한 가닥과 인조모발을 붙이거나 묶어서 숱을 증가 ② 가발이 아니어서 가볍고 편안함 ③ 자모를 제모할 필요가 없음
	단점	① 1회 시술시 증모할 수 있는 수량이 정해져 있음 (1회 1,000가닥 정도 증모 가능) ② 모량이 적거나 탈모 초기의 사람에게 한정 ③ 자모가 건강해야 잘 빠지지 않음 ④ 시술시간이 오래 걸림 ⑤ 탈모 부위는 증모가 불가능 ⑥ 자모의 성장에 따른 자극 생성, 자가시술 불가

Section 2 위그의 구성

1. 원사 (hair fiber)

(1) 인모

우리나라의 가발 산업은 1966년 1.062만 달러에서 출발하여 1970년 약 1억 달러로 우리나라 총 수출량의 9.3%를 점유하면서 단일 품목으로는 의류와 합판 다음으로 제3위[4]가 될 만큼 가발 수출국으로의 명성을 높였다. 그러나 현재 국내에서도 우리나라 사람의 인모는 거의 찾아볼 수 없고 주로 중국과 인도 및 인도네시아 등 동남아 쪽에서 수입되는 원모가 주류를 이루고 있으며, 유럽과 미국의 수요는 인도의 모발이 주류를 이루고 있다. 가발의 인모는 모두 제 3세계 저개발국가에서 수입하여 제작하는데, 보통 우리나라에서는 인도산 모발과 중국산 모발이 주로 사용되고 있다.

이렇듯 인모는 유럽 모(European hair), 인도 모(Indian hair), 중국 모(Chinese hair) 등이 주류를 이루고 있는데 이러한 모발은 그 굵기에서 차이를 보인다.

4) 대한무역투자 진흥공사

유럽 모는 25~45 데니어(denier)[5], 인도 모는 45~50 denier, 중국 모는 55~60 denier 인데, 한국인과 일본인의 모발은 50~55 denier 정도로 유럽 사람들의 모발이 가장 가늘며 중국인들이 비교적 굵은 모발을 가지고 있음을 알 수 있다. 가발은 만들고자 하는 가발의 종류에 따라 원모를 선택하게 되므로 그 소재의 굵기는 가발 제작에 매우 중요한 데이터라 할 수 있다.

인모는 실제 사람의 모발을 재료로 하였기 때문에 자연스럽고 퍼머넌트와 염색 등의 화학적 시술은 물론이고 세트, 드라이, 샴푸 등이 모두 가능하나 가격이 비싸다. 또한 인모 가발은 세척할 때 주의하여 관리하지 않으면 말리는 과정에서 쉽게 엉키고 빠지는 단점이 있다. 특히 이 과정을 자주 반복하게 되면 가발의 모량이 탈락하게 되어 수명이 단축된다.

가발은 천연섬유와 같이 흡수성이 강하여 냄새가 나며 무게감이 있고, 한 사람이 아닌 여러 사람의 모발을 혼합해 만들기 때문에 모색과 모질에 다소 차이를 보일 수 있다.

인모 가발의 커트한 모발은 시간이 지날수록 거칠고 윤기가 없어지므로 모의 표피에 약품처리과정을 통하여 인위적인 윤기를 줌으로써 건강하고 잘 가꾸어진 모발의 형태를 갖게 해주며 더불어 유연한 빗질을 가능하게 해준다.

(2) 인조모(false hair)

인조모는 나일론이나 아크릴 섬유 같은 화학제품으로 만들어진다. 인조모는 짜임새, 다공성, 유연성, 광택, 느낌 등이 인모와 거의 비슷하며 인모의 성질과 거의 흡사하게 만들어진 아크릴 섬유(Modacrylic fibers)는 화학 섬유(dynel, kanekalon, venicelon) 등을 주원료로 하고 있다. 주로 독일에서 수입한 에드론 200(형상기억모발)이 많이 사용되고 있는데 자연스러움을 유지하고 외관상으로도 탄력성을 갖추고 있다. 인조모가발은 빨리 타고 냄새가 없거나 나지 않으며 타고난 후 딱딱하게 되고 굳어져서 조그마한 구슬처럼 만져진다.

---

5) 견 · 레이온 · 합성섬유 등 긴 섬유 및 방적사의 굵기를 나타내는 단위.

인조모의 장점은 가격이 저렴하고 가벼우며 색의 종류가 다양하고 헤어스타일의 자연스러움이 오래 유지된다. 또한 세척할 때도 쉽게 엉키거나 빠지지 않으며 가발을 말릴 때에도 간단히 드라이하는 것으로 엉키지 않게 건조시킬 수 있어 모발이 쉽게 빠지지 않으므로 수명이 오래 간다. 또한 햇빛에 잘 변색되거나 퇴색되지 않고 자연스러운 색상을 오래 유지할 수 있음과 동시에 가격이 저렴하다. 헤어스타일에 있어서는 모발을 꼬거나 땋아 늘어뜨린 합성섬유 가발이 특히 대중적이다. 공급에 있어서도 인모가 아니므로 제약을 받지 않고 누구나 사용하기가 쉬워서 패션 가발에 특히 많이 사용된다.

Check point

인모와 인조모의 구별법

머리카락을 조금 잘라서 불에 태웠을 때 태운 머리카락의 재 속에 조그맣고 딱딱한 덩어리가 남으면 인조가 섞인 것이고 서서히 타면서 유황 냄새가 나는 것은 인모이다. 인모를 태웠을 때는 완전 연소되며 부드러워서 덩어리가 남지 않는다.

인조모의 단점은 모질이 사람의 모발과 유사하지만 햇빛이나 밝은 조명 아래서 빛을 반사하는 일이 많으므로 인모에 비해 자연스러움이 부족하다. 또한 시간이 지나면 끝이 구부러지고 변질될 우려가 있으며 퍼머넌트나 염색 등 화학적 시술이 되지 않기 때문에 본인의 자연 모발과 색상이나 컬이 맞지 않을 경우 자연스러움에 문제가 될 수 있다.

Check point

동물 모(animal hair)

동물 모에 사용되는 동물의 털로는 앙고라, 산양, 야크 등으로 털의 길이와 결의 분류에 따라 위그(wig) 또는 투페(toupee)로 활용되기도 하나 주로 분장용으로 쓰인다.

인모와 인조모를 혼합하여 가발을 제작하며, 이 때 인조모의 비율이 높을수록 가발의 티가 많이 드러나고 인모의 비율을 높이면 비교적 자연스러운 모발을 연출할 수 있다.

표 3-3 인모와 인조모의 종류 및 장단점

종류	구분	특징	장점	단점	비고
인모	중국 모	한국인 모발과 유사하다	헤어스타일이 자연스럽다	샴푸 시에 엉킴이 심하므로 주위가 필요하다.	인모의 장점과 인조모의 장점을 합쳐서 가발을 만드는 경우가 많다.
	인도 모	유럽인 모발과 유사하다	비교적 열에 강하고 퍼머넌트나 염색이 가능하다	긴 머리의 인모가 드물다.	–
	인도네시아 모	유럽인 모발과 유사하다	머릿결의 변형이 적다	탈색이 된다.	–
	이탈리아 모	자연 모발이지만 색상이 다양하다	스타일 연출이 자유롭다 퍼머넌트나 염색이 가능하다.	–	–
인조모	미국	modacrylic	컬러가 오래 유지된다	퍼머넌트나 염색이 안 된다	국내에서 생산되는 인조모 중 '기억형상 모'가 있어 스타일을 오래 유지하는 것도 있다.
	일본	synthetic (kanekalon)	수명이 인모 보다 긴 편이다	열과 마찰에 비교적 약하다.	–
	독일	synthetic	처음 스타일이 오래 간다. 모발 길이 조절이 자유롭다	인모에 비해 광택이 많다.	–

2. 망(base cap)

망(base) 제품의 소재를 살펴보면 다음과 같다.

① 부드러운 모노 망 (fine mono filament)

대부분의 남성이나 여성용 맞춤 가발에 일반적으로 사용되는 베이스로 내구성과 통풍성이 좋은 부드러운 나일론 소재로 만들어졌다.

② 슈퍼 웰드 모노망, 스위스망 (swiss net, sw-1500)

일발 모노 망에 초음파 처리를 하고 내구성을 높여서 잘 찢어지지 않는다. 전체 망 혹은 앞이마 부분의 자연스러운 헤어 라인을 위해서 사용된다.

③ 마이크로 폴리우레탄 스킨 (micro polyurethan skin)

얇은 마이크로 폴리우레탄을 사용하는데 접착을 위해서 베이스의 테두리 부분에 사용되어 접착 및 망을 고정시키는 역할을 한다. 접착 방법 중에 쉽게 접착되는 것으로 제품의 내구성을 높인다.

④ 독일 망 (German net)

일반 모노 망과 비슷한 모양을 갖고 있지만 국산 망에 비해서 내구성이 뛰어나고 가벼운 특징이 있다. 제품의 내구성 때문에 전체 레이스 망으로 사용되고, 프랜치 레이스 프론트(French lace front)의 용도로도 많이 사용된다.

⑤ 그물 망 (fish net)

그물과 비슷하다고 해서 일반적으로 그물 망이라고 한다. 일반 망에 비해서 구멍이 커서 통풍이 뛰어나다는 장점이 있다. 완전한 탈모가 아닌 조금 남아 있는 모발을 그물의 구멍을 통해 뽑아내어 기존 모발과 함께 자연스러운 모발 상태를 만드는 가발에 사용한다.

Section 3 위그의 제작과정

멋내기를 위한 패션 위그의 제작은 그 특성상 헤어디자이너나 바이어(buyer)에 의한 주문 생산으로 이루어지는데, 기계로 대량 생산이 되는 것이나 탈모 보완을 위한 맞춤 위그의 경우는 상담으로 가발 착용 결정 후 고객별 두상 측정으로 탈모에 맞는 디자인, 패턴 제작, 작업지시서 작성, 가발의 주문 제작, 피팅, 위그 착용의 순서로 진행된다.

1. 상 담

고객의 내방을 통해 직접 모발 상태와 두피 상태를 살펴보고 고객의 생활 습관 및 주변 생활 환경, 직업과 관련된 상담을 통해 고객에게 올바른 정보를 제공한 후 고객 스스로 가발착용 여부를 결정한다. 주의할 점은 '탈모고객이라고 해서 모두 가발을 권유하지는 않는다'는 것이다.

현재 고객의 탈모 진행 상태에 따라 처방이 달라지게 되는데, 탈모 초기의 고객인 경우는 헤어 어디션(hair addition)을 권하기도 하는데, 이 방법은 가발이 아니라 자신의 모발 한 가닥에 인조가발을 엮거나 혹은 접착하여 2~3 가닥이 되도록 증모하는 방법으로 자연스러움과 사용 후 이물감이 적고 편리한 장점이 있다.

반면 비용이 많이 들고 시술 시간이 오래 걸리는 단점이 있다.

① 상담방법 및 자세

탈모증이 있는 사람은 자신감 결여에서 오는 대인관계 공포증, 내성적인 성격, 자기와 타인과의 비교에서 오는 우울증 등 여러 심리적인 문제점을 안고 생활하기 때문에 상담할 때 상담자가 억양을 높이거나 자기 주장대로 이끌어 나가면 안 된다.

고객의 입장에서 공감해 주고 충분히 이해하도록 정보와 시간을 주는 것이 바람직하며 항상 부드러운 자세와 온화한 인상을 주도록 노력하여야 한다. 그리고 설명하는 속도는 발음을 정확히 하여 알맞은 속도를 유지하고 상담실을 비롯한 전반적인 사무실의 분위기를 밝고 깨끗하게 처리하여 방문자들이 스스로 의지하고 싶은 마음과 신뢰성이 깊이 생길 수 있도록 해야 한다.

Check point

좋은 가발의 조건

좋은 가발이란 우선 사용자가 다루기 용이하며 착용감이 좋아야 한다. 또한 타인에게 내보이는 자연스러운 모습이 중요하다.

① 착용감이 가볍고 통풍이 잘 되어 장기간 착용에도 두피에 피부염 등 이상이 없을 것
② 헤어드라이 등 특별한 시술을 하지 않아도 세정 후 스타일이 잘 나올 것
③ 비, 바람, 눈 등의 자연환경이나 수영 및 등산 등 레저에 흘러내리거나 흐트러짐이 적은 것
④ 색상이 잘 퇴색되지 않는 것
⑤ 가발의 티가 나지 않고 자연스러울 것, 특히 앞부분(front)이 누가 봐도 자연스러운 것

좋은 가발 고르기

① 만져 본다. 좋은 가발은 광택이나 촉감이 매우 자연스럽다. 또한 몇 가지의 컬러를 믹스하여 염색하기 때문에 자연스러우므로 염색의 얼룩 확인도 꼼꼼히 체크한다.
② 빗질을 해본다. 잘 엉키지 않고 스타일이 금방 잘 잡혀야만 좋은 가발이다.
③ 착용해 본다. 직접 머리에 써서 불편하거나 어색하지 않은지 체크해 본다. 또한 누구의 도움도 없이 혼자서 쉽게 쓸 수 있는지도 살펴본다.
④ 늘려 본다. 가발의 안쪽에 양 손을 넣어 각 방향으로 늘려 본 후, 비뚤어지거나 변형되지 않는 것으로 선택한다.

또한 상담자는 방문자의 신분과 직위에 관계없이 모든 사람들에게 동등하게 대해야 하며 자신이 탈모증이 있는 상태라는 생각을 가지고 항상 고객입장에 서서 생각하려는 노력을 기울인다면 상대방의 입장을 쉽게 이해할 수 있을 것이다.

② 전화상담시 주의사항

상담에는 특히 전화상담이 중요하다. 전화상담은 문의자의 연령, 취향 정도, 생활 환경 정도, 남아 있는 모발의 상태 등을 전혀 보지 못하는 상태에서 목소리만 가지고 상담하므로 전화상담 시에 가장 중요한 것은 부드러운 말씨와 친절이다.

그 다음 중요한 것은 상담자가 문의자의 탈모된 상태를 상상하고 문의자가 무엇을 바라는지 빨리 알아내어 즉각적인 대응 상담이 가능해야 한다. 이러한 전화상담은 문의자의 궁금증을 전화로 다소 이해시키고 신뢰감을 심어주어 방문하도록 하는 데에 그 목적이 있다.

2. 가발 착용분석 및 진단

가발 착용 여부가 확정되면 고객의 나이와 직업에 맞는 머리 모양, 색깔, 형태에 대해 의논하여 이후 착용 모습까지 제시해 본다.

① 파트형 (part style): 특정 부위의 크기에 알맞은 사이즈를 책정한다.
② 전두형(all style): 전체형으로 두부 전체를 측정한다.
③ 모 굵기: 모의 굵기는 개인별로 차가 크므로 구별하여야 하며 웨이브의 정도도 구분해야 한다.
④ 모 색상: 모발 색상도 개인별로 다르므로 정밀하게 판독하여 컬러링으로 모발에 최대 근사치의 헤어컬러 번호를 찾는다.
⑤ 나이: 나이에 따라 스타일이 달라지므로 잘 체크한다.
⑥ 직업: 헤어스타일로 직업 구분이 가능하듯 직업의 유형에 따라 헤어스타일에 유의한다.
⑦ 얼굴 형태: 얼굴 형태에 따른 모발 스타일도 중요하다. 본래 머리 형태를 보완해 줄 수 있도록 한다.
⑧ 망(race) 선택: 개인의 두피 상태에 따라 망의 선택도 달라져야 한다.

⑨ 가르마(part): 개인별 가르마의 형태와 위치를 잘 파악해야 자연스러운 모발 형태를 이룬다.

⑩ 작업지시서(orber sheet)

이상과 같은 사항들을 잘 정리하여 다음 공정에 전달한다.

Check point

두피의 특성을 고려한 가발 망 찾기

① 땀이 많은 사람은 가발에 공기순환구멍을 크게 하며 땀 흘리는 것을 방지한다. 땀의 역한 냄새를 줄일 수 있는 디자인이다. 그 반면 땀이 적은 사람은 공기 순환구멍이 작은 망을 사용한다. 망 크기가 적을수록 머리카락을 심는 것이 정교하기 때문에 자연스럽다.

② 두피가 민감하고 약한 사람은 가발 전체의 재질을 유연한 재질로 사용하여 두피에 영향을 주지 않게 제작함으로써 가볍고 착용감이 편하게 한다.

③ 두피에 비듬이 많은 사람은 사각형 망사를 사용하여 전체적으로 공기 순환을 빠르게 하고 두피에 영향을 덜 주어 이물질이 쌓이지 않게 제작한다. 특히 두피가 가려운 사람은 베이스 재료 중 전체가 망사로 된 것을 사용한다.

3. 패턴 (pattern) 제작

고객의 머리 모양, 즉 개인별 탈모 형태에 따른 패턴(pattern)[6]을 만드는데 이것은 개인별로 머리 모양과 굴곡 및 탈모부위가 다르기 때문에 필수적인 사항이다. 모발의 굵기와 모량도 중요한데 현재 남아 있는 모발의 컬러와 굵기를 일치시켜야 한다. 만약 여기서 오차가 생기면 맞춤형 가발로써의 의미가 없는 것일 뿐만 아니라 착용한 고객에게는 치명적일 수도 있기 때문이다.

고객이 주위에서 ‘가발같다’ 는 말을 들었을 때는 심적 · 정신적으로 큰 상처를 받게 되고 다시는 가발을 착용하지 않겠다는 계기가 되기도 하며 평생 가발에 대한 증오를 가지게 될 수도 있으므로 가발 전문가는 이런 부분을 항상 염두에 두어야 한다.

---

6) 가발을 제조하기 위한 기초 모형

Check point

특수 가발 시스템

① LINE HAIR SYSTEM
증모법은 한 올 한 올 묶어 주는 데 비해 라인 헤어법은 한 번에 수십 가닥을 빠른 시간 내에 시술하므로 순식간에 머리 숱을 늘릴 수 있는 장점이 있다. 주로 일본에서 많이 이용한다.

② MEDICAL TAPE
모발량이 빈약한 사람에게 해당되는 시술 방법으로 의료용 양면 테이프를 사용해서 시술한다. 완전히 탈모되었거나 다른 방법으로 시술하기 어려울 때 사용한다.

③ SKIN BOND SYSTEM
최근에 개발된 시술 방법으로 착용감이 매우 좋고 견고하여 격렬한 운동이나 수영장에서도 사용이 가능하다.

④ HAIR ADDITION
완전 탈모 상태에서는 불가능한 방법이나 탈모가 진행 중인 사람이나 초기 탈모자에게 적당한 방법이다. 본인의 건강한 모발에 인조모를 한 올씩 엮어 증모시키는 방법으로 자연스러움이 장점이다.

⑤ TOP PIECE
탈모현상보다는 머리 숱이 적은 경우 시술하는 방법으로 가로와 세로에 구멍을 뚫어 주로 여성에게 많이 사용한다.

⑥ STOPPER SYSTEM
클립이라는 특수 핀을 사용해서 부착하는 방법으로 가장 많이 이용하고 있으며 위생적이고 탈부착이 용이하다.

4. 위그 제작

개인별 두상 형태, 가발의 모양, 헤어컬러, 모발 굵기, 모발의 양, 착용 방법 등이 결정되면 제작에 들어가게 된다. 대체로 맞춤 가발은 인모와 합성섬유모를 혼합하여 사용하는데, 인조모의 경우도 거의 인모와 흡사하게 발전하였다. 하지만 맞춤 가발의 경우 아직도 인모 사용 비율이 높은 편이라고 할 수 있다.

지점을 가진 업체의 경우, 가발의 제작은 대부분 중국에서 많이 이루어지고 있는 실정이다. 보통 제작에 들어가면 30일~45일 정도 소요되는데 최근에는 첨단 기기의 발전으로 3D 차원 두상 측정기를 이용해 측정된 고객 테이터를 바로 컴퓨터에 전송함으로써 일주일 정도면 제작이 가능하다고 홍보하는 업체도 등장하고 있다.

5. 착용(fitting) 및 고객 지원

제작된 위그가 도착되면 고객에게 착용할 수 있도록 커트(cut)하여 스타일링하는 것을 피팅(fitting)이라고 한다. 피팅 시에는 고객의 얼굴형에 맞는 커트를 고려하는 것은 물론이고 현존하는 고객 모발과의 자연스러운 그라데이션이 중요하다.

가발의 헤어 컬러와 모발 굵기, 모량 등이 완벽하더라도 고객의 마음에 들지 않거나 남아 있는 고객 모발과의 연결이 부자연스럽다면 맞춤 가발의 의미를 잃게 된다. 연결 커트시에는 고객의 나이와 직업을 고려한 스타일도 잘 고려해야 한다.

피팅 순서를 요약해 보면 다음과 같다.

① 작업 지시서에 따른 정확한 제품을 확인한다.

② 고객의 머리를 원하는 스타일로 가발을 세척하고 고객 세발 후 피팅 준비를 한다.

③ 준비된 제품을 고객 머리에 고정시키고 원하는 스타일로 마무리 커트를 한다.

④ 마무리 커트 작업시에는 고객 본인의 모발과 제품의 모발이 자연스럽게 연결될 수 있도록 세심하게 주의를 기울이고 전체적인 스타일을 확인하면서 작업한다.

⑤ 작업이 마무리 단계로 들어서면 제품의 관리에 따른 제반사항을 고객에게 주지시킨다. 즉, 홈케어 스타일링 및 관리 방법 등에 대해 고객 지원을 한다.

최근 가발의 착용감이 뛰어나고 밀착감이 좋아져서 거의 가발 표시도 없고 무게 또한 가벼워졌으며 목욕이나 수영에도 벗지 않고 사용할 수 있으며 취침 시에도 착용 가능한 제품들도 있다.

Chapter 4
위그 디자인

Chapter 4

위그 디자인

Section 1 위그 스케치

가발이란 때와 장소에 맞춰 매일 갈아입는 옷처럼 단순한 이미지 변화만을 추구하는 것이 아니라 모발로 인해 상실되었던 자신감을 이미지 변화를 통해 회복할 수 있는 커다란 장점을 지니고 있다. 즉, 가발이란 단순히 없는 머리카락을 더해 주는 것뿐만이 아닌 부족한 모발을 더해 줌으로써 고객이 가발을 착용한 후 변화될 이미지까지 생각해 주어야 한다.

따라서 먼저 착용자의 정확한 탈모 위치를 파악하고 가발을 착용한 후 모발과의 조화를 생각하며, 착용 후의 안정감과 착용자의 불편을 최대한 줄일 수 있는 것이 중요하다. 또한 가발의 제작 · 관리에 있어서 탈모 고객이 본인의 두상에 꼭 맞고 착용시에 불편함을 느끼지 않도록 고객의 심리를 잘 이해하여 두상의 스케치부터 마지막 스타일 연출까지 고객의 입장에서 작업에 임하는 것이 중요하다.

가발의 스케치는 가발제작을 위한 첫 번째 실기 작업인 패턴 제작에 앞서 먼저 사전 두상 스케치 작업이 이루어지며 고객과의 상담을 통해 얻은 결과와 진단을 통한 모류나 가르마의 방향 등을 고려하여 탈모 라인을 사전인식함으로써 패턴 작업이 더욱 능률적으로 이루어질 수 있으며, 이후 완성된 가발형태에 커트와 드라이 작업이 들어갔을 경우 더욱 자연스러운 스타일 연출이 가능하다.

가발의 두상 스케치나 패턴 작업 및 커트 등에 앞서 두상의 각 포인트 지점을 숙지하여야 보다 능률적이고 숙련된 시술이 가능하다.

1. 헤어 라인 디자인

가발을 착용하기 위한 패턴 작업에 들어가기 전에 고객이 원하는 스타일은 무엇인지, 고객의 탈모는 어떠한 형태인지, 고객의 라이프 스타일은 어떠한지 등의 여부를 충분히 상담하고 검토 한 후 가발의 전체적 디자인을 스케치해 두는 것이 제작에 큰 도움을 줄 수 있다. 특히 앞 이마 헤어 라인에 따른 이미지 변화가 가장 크게 좌우하기 때문에 최대한 자연스러운 스타일을 유지하면서 고객이 지닌 탈모 유형의 단점을 보완할 수 있는 스타일로 두상을 스케치하는 것이 효율적이다.

Check point

헤어 라인 디자인

얼굴 윤곽을 형성하는 머리카락은 용모를 부드럽게 보이게 하며 개인의 얼굴 골격 흐름과 윤곽 및 신체의 비율과 조화되도록 모양을 잡아야 한다. 일반적으로 남성의 두개골은 여성 두개골보다 크며 외후두부 돌기와 만곡선이 명백하다.
대부분의 경우 여성과 남성만의 골격 조직 차이를 쉽게 알아볼 수 있지만 남성적 특징을 나타내는 여성 두개골도 있으므로 무조건 성별에 의한 헤어 커트는 피해야 한다.

가발 디자인에서 가장 중요한 부분은 이마 라인(brow line), 즉 헤어 라인의 설정이다. 탈모된 부위의 헤어 라인이 어느 정도 표시가 나는 듯하지만 실로 원래의 고객 이마 라인을 찾아내기는 그리 쉽지 않기 때문에 가발 완성 후 착용 시에 헤어 라인의 설정은 전체의 헤어스타일을 결정짓는 중요한 요소가 된다. 그러므로 실수 없이 얼굴형을 단서로 하여 개별적인 특성을 찾아내는 것은 가발 전문가가 숙지해야 할 중요한 포인트이다.

가발 커트 기술에서 보다 큰 정밀성과 정확성을 갖기 위하여 이마의 톱(top)에서 턱까지 측정한다면 눈은 항상 중간 포인트이다.

눈동자에서 눈동자까지 측정할 때는 콧마루에서 코끝까지 측정하는 것과 같으며 입은 턱까지 얼굴 전체의 길이의 1/4 정도로 귀의 길이는 코의 길이와 같으며, 귀와 코는 같은 높이다. 이러한 비율(proportion)로 이마와 두부의 경계선을 조명해야 한다.

Check point

탈모 형태와 디자인의 결정

고객의 두상 스케치 및 디자인에 앞서 착용 방식을 정해야 하고 어떤 착용 방식을 결정했는가에 따라 가발의 디자인과 크기가 결정된다. 또한 착용 방법의 장점과 단점을 충분히 설명하고 고객에게 이해시켜야만 가발을 착용하는 고객의 추후 불편감을 덜고 심리적 만족을 더할 수 있다.

예를 들어 앞 이마의 헤어 라인에 M자 탈모만 진행된 고객에게 고정식을 권했을 경우 불필요한 제모를 감수해야 한다면 고객의 입장에서 만족한 만할 결과를 얻기 힘들 수 있다. 또한 M자 라인의 탈모 진행자의 경우 같은 M자 가발이라 할지라도 분리형인지 아닌지에 따라 스타일에 제약이 따른다는 점을 충분히 이해시키는 것이 좋다. (예를 들어 분리형의 M자 가발을 착용하게 되는 고객이라면 분리형이므로 가발과 가발 사이에 본인의 모발이 있기에, 흔히 말하는 올백의 헤어 스타일이 어려우며 위의 본인 모발이 가발을 덮어 주어야만 자연스러운 헤어 스타일이 연출될 수 있다.)

그러므로 고객이 원하는 스타일은 무엇인지 평소 즐기는 복장이나 업무의 형태, 즐기는 취미생활 등을 꼼꼼히 파악하여 착용 방법을 결정하고 그 다음에 이마 헤어 라인의 디자인을 결정하여야 한다.

이마 라인을 둥글게 할 것인지 아니면 자연스러운 형상을 최대한 유지하기 위하여 약간의 M자 스타일로 할 것인지 U자 라인을 만들어 이마 헤어 라인의 인위적인 느낌을 어느 정도 줄여 줄 것인지 등을 결정하는 데 있어 가장 중요한 것이 착용자가 어떤 탈모 형태를 가지고 있느냐는 것이기 때문에 착용자의 탈모 형태 및 범위를 꼼꼼히 파악하도록 해야 한다.

(1) 둥근 라인

둥근 라인의 디자인은 패턴 작업을 하는 전문가의 편리함으로 가장 많이 선호되는 방식이기는 하나 고객이 올백 헤어스타일로 하기 어려운 단점이 있다. 그러나 이러한 단점들은 추후 헤어스타일의 변화로 어느 정도 커버해 줄 수 있다.

또한 어떤 가발이든 너팅된 라인의 어색함은 다소 발생하므로 둥근 라인은 현재 가장 많이 사용되는 헤어 라인 디자인이다. 특히 클립식처럼 탈모범위를 제모하지 않고 본인의 모발 위에 덧대어 쓰는 방식엔 대부분 둥근 라인을 많이 사용하고 있다.

(2) M 라인

M형은 탈모가 진행되었을 때 나타나는 가장 대표적인 형으로써 사람에 따라서 좌측 혹은 우측이 더욱 심하게 탈모가 됨에 따라 L형, 혹은 R형으로, 중앙부분이 소실되면 O형으로, 양 사이드 부분이 소실되면 U형으로 나타나기도 하며 기본이 되는 형이다.

사람들의 경우 대부분 약간의 M자 라인의 헤어 라인을 고려한다고 생각하기 쉽지만 가장 위험한 방식이기도 하다. 가발의 특성상 우레탄이나 실리콘을 이용하여 만든 스킨이나 망에 머리카락을 너팅하여 심기 때문에 사람의 머리처럼 자연스러운 라인을 형성하기 힘들 뿐만 아니라 잔머리 처리를 효과적으로 할 수 없는 가발의 단점상 인위적으로 보일 수 있기 때문이다.

이런 경우 머리카락을 들어 올리는 스타일을 한다면 M자 형성이 오히려 인위적인 느낌을 강조하기 때문에 너팅의 상당한 노하우가 필요하다. 그러나 고객이 올백 스타일이 아닌 자연스럽게 흘러내리는 듯한 스타일을 원한다면 한 번쯤 추천할 만하다.

(3) U 라인

U형은 얼굴이 길고 광대뼈가 튀어나온 사람에게서 흔히 볼 수 있는 형이다. 이마 라인의 양쪽 사이드 부분이 동시에 탈모가 진행되어 나타나는 형이므로 이마선 설정 시에 신중을 기하여야 하나, M형의 이마 라인을 기준으로 디자인하면 무난하다.

대부분의 남성탈모 고객들의 가발에 가장 흔히 사용하는 방식으로 인위적인 느낌을 최소화할 수 있고, 탈모 범위와 기존 헤어 라인의 경계를 잘 맞추어 준다면 자연스러운 라인을 형성할 수 있다. 그러나 기존의 모발 라인과 잘 맞물리지 못하고 가발의 크기가 조금이라도 작게 제작될 경우 가발 착용에도 불구하고 M자 탈모가 진행된 것처럼 보일 수 있기 때문에 이 경우 가장 중요한 작업은 탈모 부위와 기존 모발 라인의 경계를 최대한 줄이는 것이다.

예를 들어 이마 라인의 탈모 범위가 너무 넓은 사람은 정확한 U자 모양의 헤어 라인이 형성되는 것이 아닌 U자 라인을 만들고자 의도했어도 넓은 탈모 범위로 인하여 둥근 라인이 형성된다는 것이다. 이 때문에 지나치게 U라인을 만들려다 보면 헤어 라인을 좁히게 되고, 그러다 보면 탈모 범위보다 작게 연결되어 가발 착용 후 약간의 M자 탈모 같은 느낌을 주는 것이다. 그러므로 헤어 라인의 탈모 범위가 넓은 사람의 경우에는 지나치게 U자 라인 디자인은 피하는 것이 좋다.

(4) C 라인

C형은 모량이 적고 탈모가 어느 정도 진행된 사람들에게서 볼 수 있는 형으로 이마선의 중앙 부분이 심하게 탈모된 상태임을 감안하여 헤어 라인을 설정하여야 한다. 이 기준 라인을 무시하면 가발착용 시에 가장 어색한 스타일이 연출되어 고객으로부터 불평을 듣기 쉽다.

(5) L 라인

L형은 좌측 가르마(left concave)에서 주로 볼 수 있는 형으로 이마선 설정 시에 기본적인 M형에서 좌측을 더 깊이 판 후 라인을 설정해 주는 것이 좋다. 이는 본래 M형의 이마 선을 가지고 있었지만 몇 년 동안 진행된 탈모로 인해 좌측 부분이 항상 concave한 상태를 자연스럽게 받아들이기 때문에 M형을 염두에 두고 디자인하는 것이다.

(6) R 라인

R형은 우측 가르마(right concave)에서 주로 볼 수 있는 형으로 이마선 설정 시에 기본적인 M형에서 우측을 깊이 판 후 라인을 설정해 주는 것이 좋다. 우측 부분이 항상 concave한 상태를 자연스럽게 받아들이기 때문에 M형을 염두에 두고 디자인하는 것이다.

(7) W 라인

W형은 주로 얼굴이나 몸에 털이 많고 야윈 얼굴형에서 주로 볼 수 있으며, 이마선의 센터 끝 부분이 돌출부(headland) 상태로 남아 있고 양쪽 사이드 부분의 탈모가 심하게 진행되었을 때 나타나는 형이다. 주로 중앙 가르마(center part) 타입에서 간혹 찾아볼 수 있다.

이마선 설정은 중앙 가르마 부분이 강하게 남아 있어 가발착용 시에 이 돌출부(headland) 부분이 여러 가지로 유리하게 작용하므로 가발을 부착할 때의 기술상의 어려운 고민을 덜어 주는 지점으로 여겨지기도 한다.

Check point

위그의 크기

테이프식의 경우라면 탈모 범위만큼의 제모만이 필요하기에 위그의 크기도 정확하게 탈모 범위 크기의 사이즈를 제작하면 되겠지만, 고정식의 경우 탈모 범위보다는 약간 크게 하여 건강한 모발에서 고정할 수 있도록 유도하여야 추후 탈모를 방지할 수 있다. 클립식의 경우라면 탈모 범위를 완전히 벗어난 건강한 모발 쪽으로 클립이 갈 수 있게 가발의 사이즈도 가장 크게 제작되는 것이 일반적이다. 그래야만 약한 모발에 클립이 안착되면서 발생할 수 있는 견인성 탈모를 예방할 수 있다. 즉, 위그의 크기는 테이프식, 고정식, 클립식의 순서로 탈모범위보다 커지는 것이다.

표 4-1 헤어 라인에 따른 위그의 특징

라인	특징
둥근 라인	① 패턴 작업이 용이하여 가장 많이 선호 ② 클립식처럼 탈모범위를 제모하지 않고 본인 머리 위에 덧대는 방식에 주로 사용 ③ 착용자가 올백 스타일을 선호할 경우 어색하게 보일 수 있음
U라인	① 남성 탈모 고객들이 가장 선호하는 방식 ② 인위적 느낌을 최소화하고 경계면을 자연스럽게 형성 ③ 프런트 라인의 탈모 범위가 넓을 경우 U라인에 치중하다 보면 M자 탈모의 양상을 보일 수 있으므로 주의
M라인	① 잔머리 처리를 할 수 없는 가발의 특성상 프런트 라인의 자연스러운 연출이 어려움 ② 인위적 M자 형성은 너팅의 상당한 노하우가 필요한 라인 ③ 자연스럽게 흘러 내리는 스타일시일 때에 가능

Check point

두상의 기본 포인트

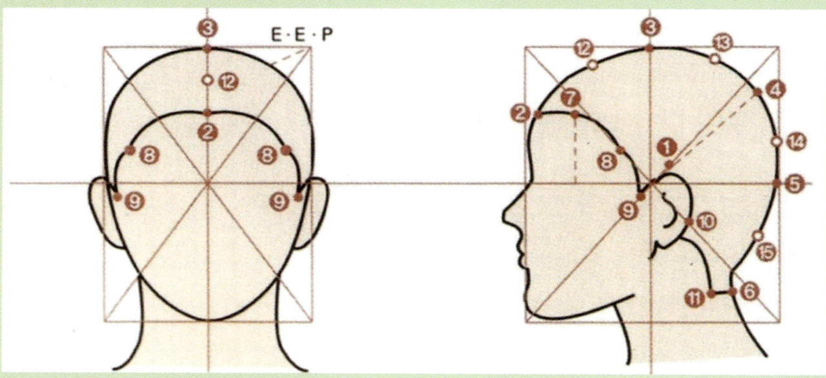

① E.P(ear point)
② C.P(center point)
③ T.P(top point)
④ G.P(golden point)
⑤ B.P (back point)
⑥ N.P(nape point)
⑦ F.S.P(front side point)
⑧ S.P(side point)
⑨ S.C.P(side corner point)
⑩ E.B.P(ear back point)
⑪ N.S.P(nape side point)
⑫ C.T.M.P(center top medium point)
⑬ T.G.M.P(top golden medium point)
⑭ G.B.M.P(golden back medium point)
⑮ B.N.M.P(back nape medium point)

2. 부분가발의 두상 스케치

가발 패턴 작업 사전 두상 스케치 도안을 작성해 봄으로써 두상 사이즈 재기(줄자 이용), 두상의 기준점 표기, 각 지점 표기 및 긋기, 가르마 표기 등의 스케치를 실전에서 더욱 정확하고 신속하게 완성도를 기할 수 있다.

① C.P(center point) 경계점 찾기 위해 미간~헤어 라인까지 삼 · 사지정도 넓이의 C.P지점을 정한다.
예) 미간에서 약 6~6.5cm

② 눈썹산에서 F.S.P(front side point) 지점을 약간 바깥 사선을 향해 사이드 경계점 F.S.P지점을 찍어 준다.
예) 눈썹산에서 약 7~7.5cm

③ 좌우 S.P(side point) 지점의 모발이 나 있는 지점까지 완만한 컨백스 라인으로 연결한다. (그림 4-4)

④ F.S.P에서 G.P(golden point) 방향으로 약간 사선으로 가르마 선을 긋는다. (길이는 정면에서 보았을 때 G.P라인 까지)

⑤ F.S.P를 중심으로 좌우 2.5cm 씩 U라인으로 가르마 극세사 망 부위를 파랑색으로 표기한다.

⑥ 좌측 S.P지점의 두상경계면에서 출발하여 후면, 우측 S.P지점의 두상경계면까지의 탈모 라인을 점선으로 찍은 후 실선으로 연결한다.

⑦ 좌측 S.P지점의 두상경계면에서 출발하여 후면, 우측 S.P지점의 두상경계면까지의 탈모 라인을 점선으로 찍은 후 실선으로 연결한다.

⑧ 두상의 탈모라인 경계선 안쪽 1~1.5cm지점을 테이프 라인으로 정하여 위의 ⑦번과 동일 방향으로 연결한다.

⑨ 이마 라인은 C.P에서 T.P(top point) 방향으로 3cm 넓이로 스킨 라인을 붉은색 펜으로 표기한다(가르마 지역과 스킨 지역을 제외한 부위는 검정 펜으로 표기한다).

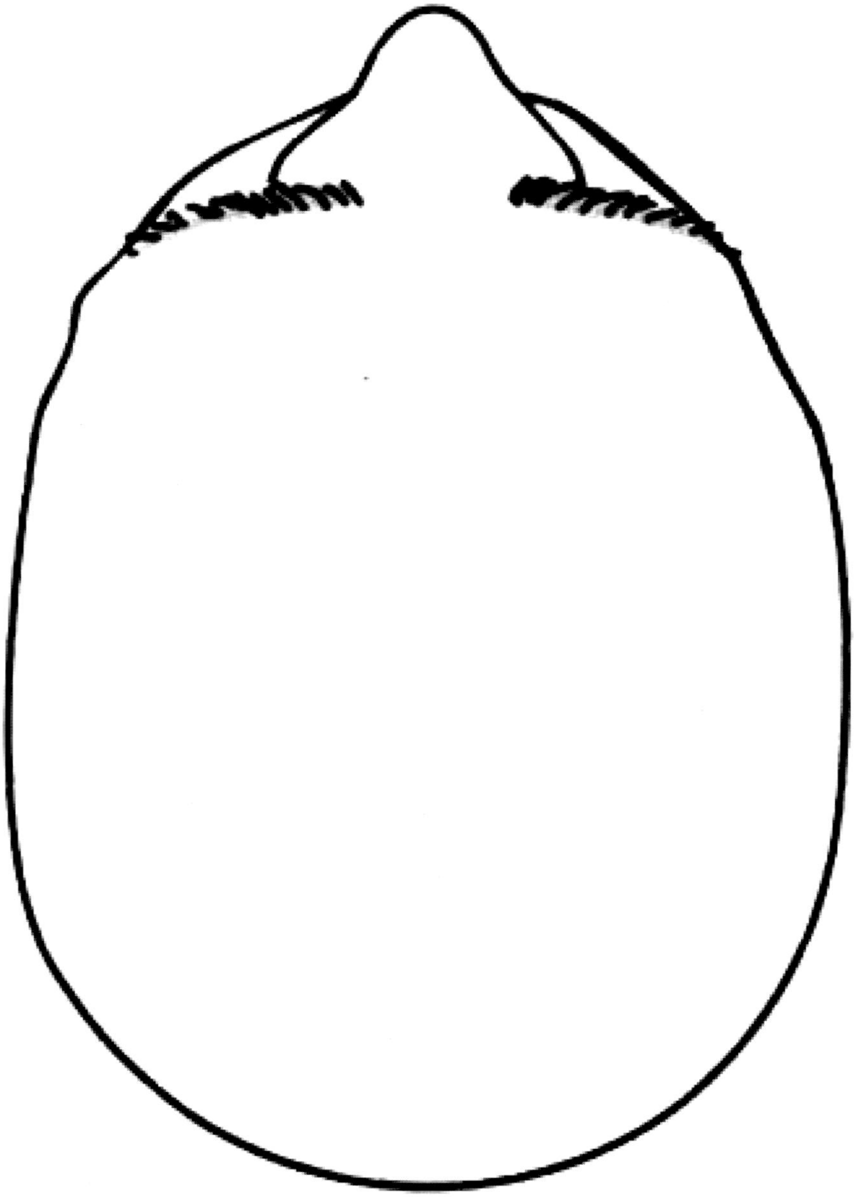

A

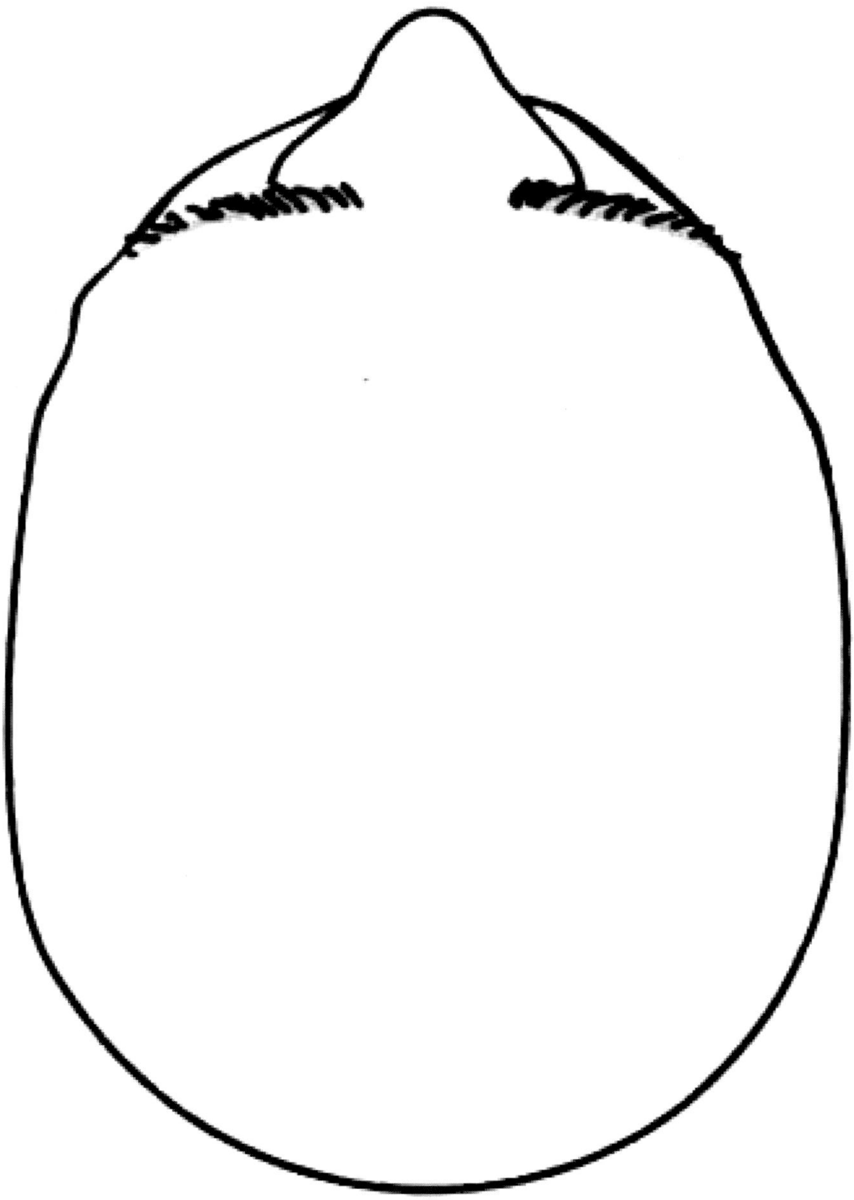

B

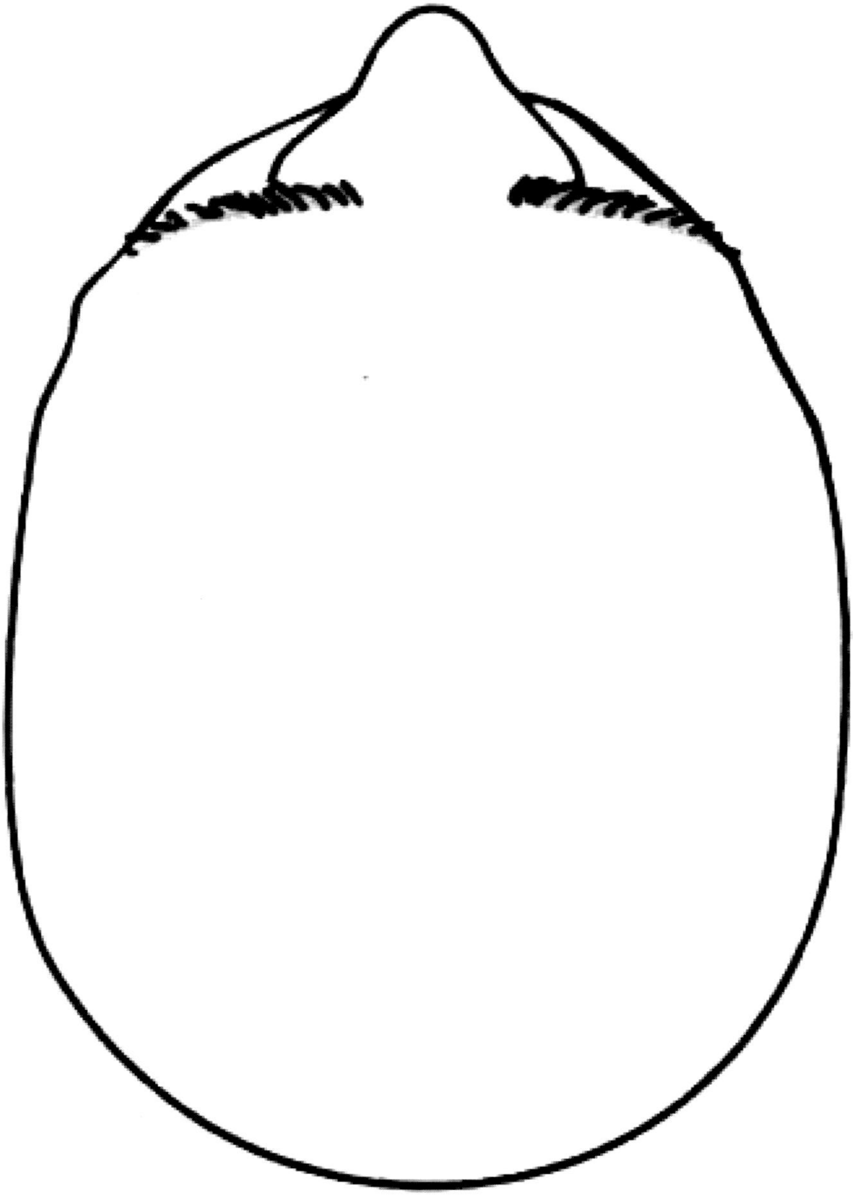

C

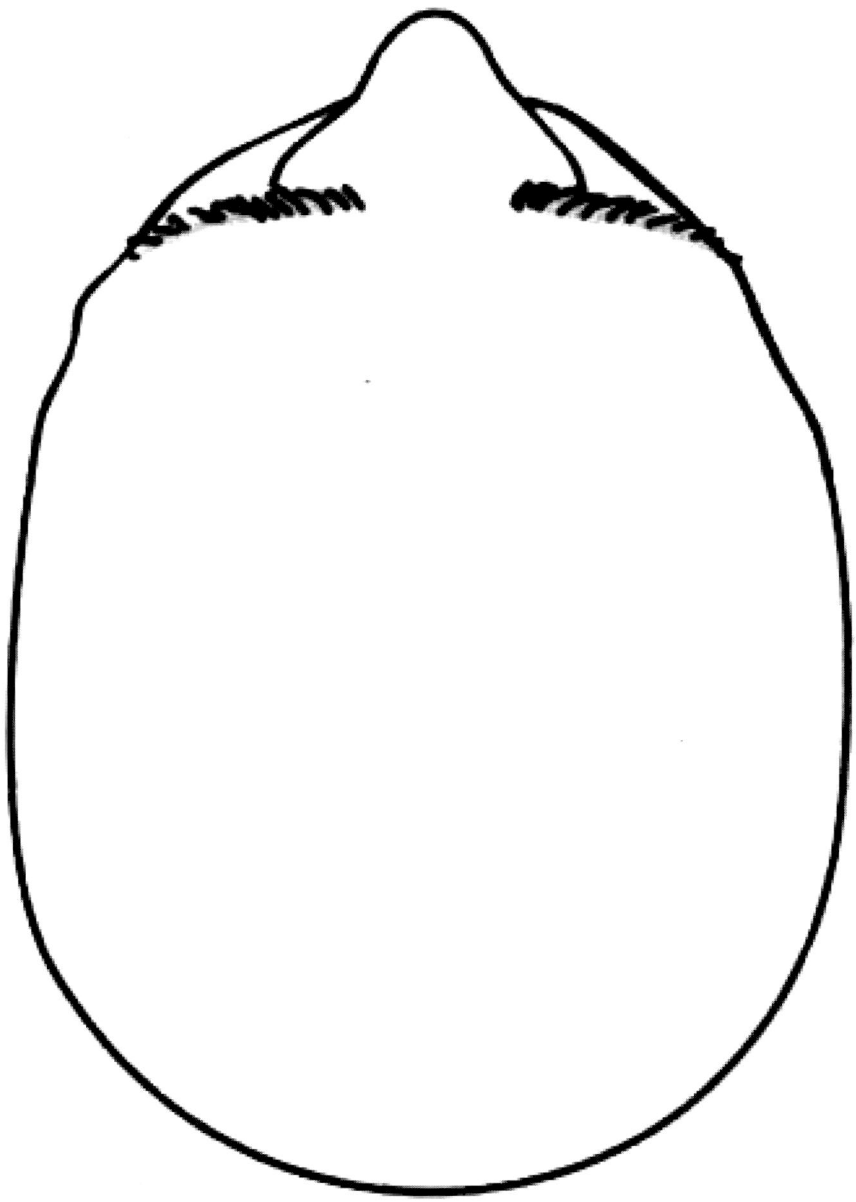

D

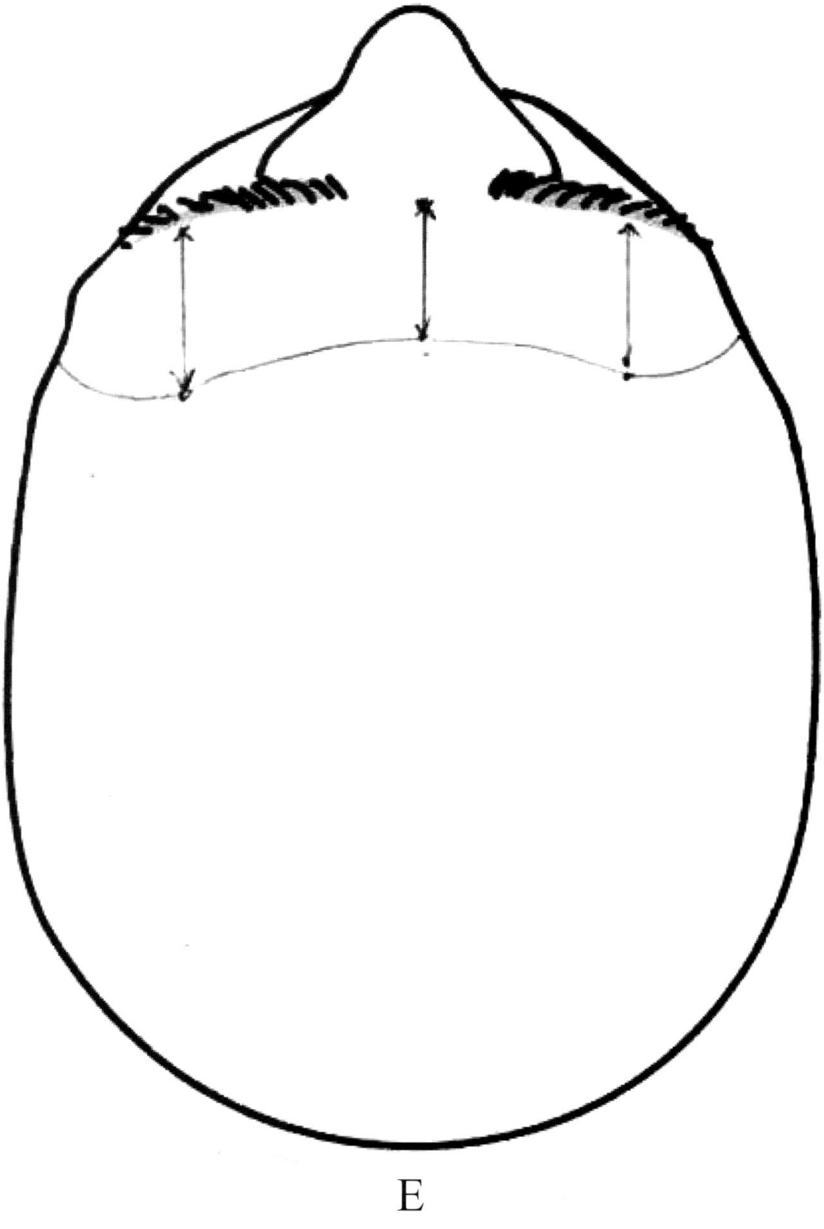

E

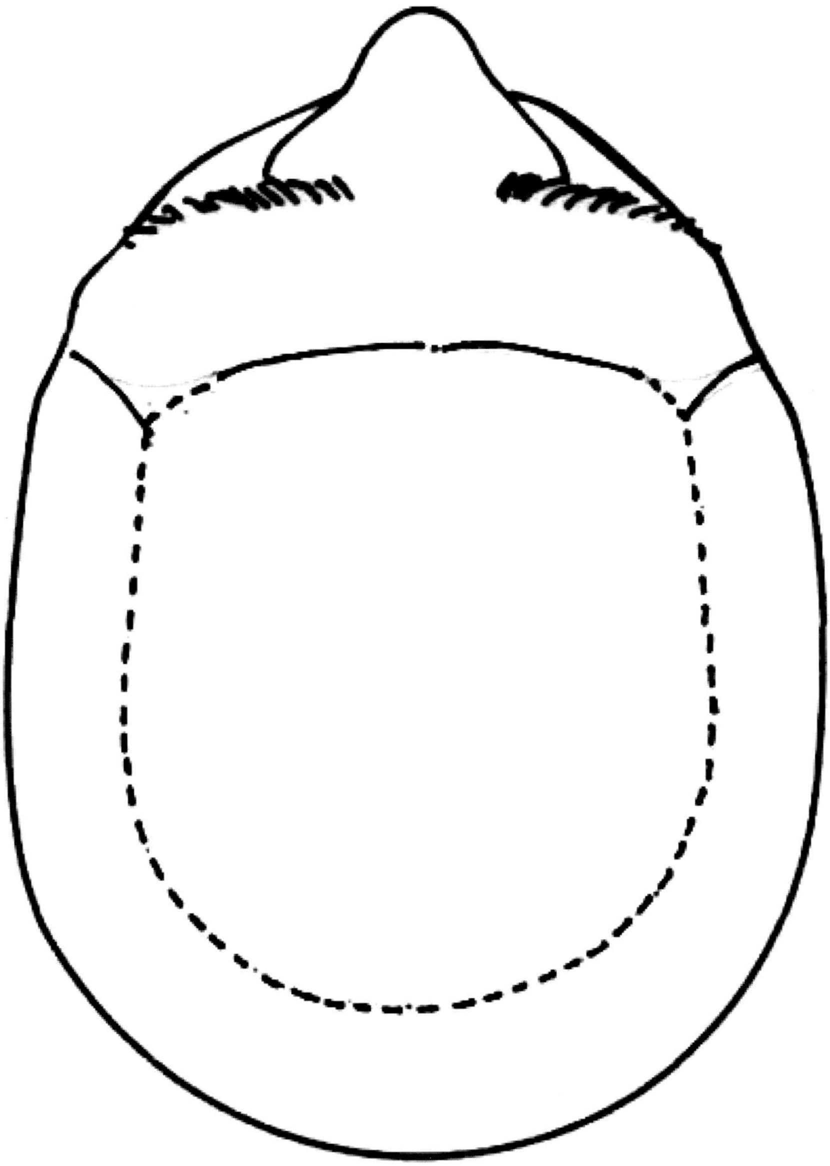

F

3. 전두가발의 두상 스케치

① **두정부**는 부분가발의 경우와 동일하게 두상을 스케치한다.

② F.S.P-S.P-S.C.P가 자연스럽게 연결되어 투박해 보이지 않도록 프런트와 사이드를 연결하는 것이 포인트이다. 특히, S.C.P의 길이를 적절하게 조절하여 안경 착용자의 경우 가발이 들뜨지 않도록 주의하여야 한다.

③ **전두가발**의 경우 N.S.P-N.P 라인 선정과 B.P-N.P간의 넓이를 적절히 구분하여 가발 착용시에 가발이 뒷목에 걸리지 않도록 주의하여 스케치 작업부터 세심함을 기울임으로써 사소한 실수로 가발을 잘못 제작하는 일이 없도록 하여야 한다.

Section 2 패 턴

탈모 고객과의 충분한 상담을 거친 후 가발의 착용방식이 정해졌다면 고객의 이마 라인을 정하고 전체 탈모 라인을 정하여 두상에 정확하게 베이스 틀을 만드는 과정이라 할 수 있다. 이는 'wigs' 또는 'pieces'의 기본형을 갖추는 바탕으로서, 두피와 밀착하여 두피와 같은 역할을 하는 부분이므로 너무 조이거나 크지 않고 두상에 꼭 맞으면서 편안한 착용감을 느낄 수 있도록 하는 것이 포인트이다.

1. 패턴의 종류

(1) 비닐 패턴

투명 테이프와 패턴용 비닐을 이용한 방법으로 고객의 탈모부위에 관계없이 패턴 비닐을 이용하여 두피 전체를 감싼 후, 투명 테이프로 가로와 세로 규칙적인 배열을 하여 두피형 틀을 만드는 방법으로 일률적인 힘의 배분과 신속한 동작이 연결되어야 두피와 편안히 밀착된 패턴을 완성할 수 있다.

(2) 석고 패턴

일반적으로 가장 정확한 두피형 틀을 만들 수 있는 방법으로 두피 전체에 비닐을 씌운 후 매직으로 탈모 부위를 표시하고 매직이 마르기 전에 바로 석고붕대를 덧씌워 형틀을 만들어 나가는 방법이다. 형틀 완성 후 석고가 굳어지면 안쪽 면에 표시된 매직 라인(탈모 라인)을 따라 잘라내면 완성된다.

(3) 3D스케너

고객의 두상을 3차원적으로 스캔하여 정밀하게 측정하는 방법으로 스캔한 데이터가 공장에 직접 연결되어 전송되고 그 데이터에 의해 몰딩을 만드는 방식이다. 기존의 방식에 비해 시간을 절약하고 작업을 단순화할 수 있다는 장점이 있다.

2. 패턴의 모류

패턴의 모류란 가발의 머릿결을 뜻한다. 사람의 모발에도 카우릭(Cowlick)[7]이 있어 모류의 흐름을 자연스런 상태로 유지하듯이 가발의 공정과정 중 모류의 흐름대로 간격을 잘 유지하여 너팅(knotting)해야 모량의 조절이 자연스러워진다. 그러므로 시술자는 고객의 헤어스타일을 충분히 분석하여 모량과 모류의 흐름을 결정하여야 한다.

모류의 흐름은 너팅 시에 시공자의 숙련도에 따라 상당한 차이를 나타낼 수도 있으며 가르마 부위를 중심으로 시계방향으로 흐름을 따라서 고르게 너팅해야 하고 가르마 중심 부위와 끝 부위, 그리고 패턴의 테두리 라인은 모속을 조밀하게 시술하여야 한다.

7). 곧추선 머리카락

3. 패턴 실기

탈모고객에게 가발관련 시술을 시행 할 경우에는 고객이 너무 지루하거나 불편해하지 않도록 최대한 숙련된 시술로 빠르고 정확하게 동작을 연결하는 것이 고객을 위한 배려이기 때문에 실기와 관련된 패턴 준비가 제대로 이루어져야 한다. 앞에서 살펴본 여러 가지 패턴의 형태 중에서 가장 보편적으로 많이 사용하고 있는 비닐패턴의 제작방법을 살펴보면 다음과 같다.

Check point

패턴 준비

탈모형 마네킹, 화이트 펜슬, 수성 매직(빨강, 파랑, 검정), 패턴 비닐, 투명 테이프, 가위, 줄자, 진주핀 등을 준비한다.

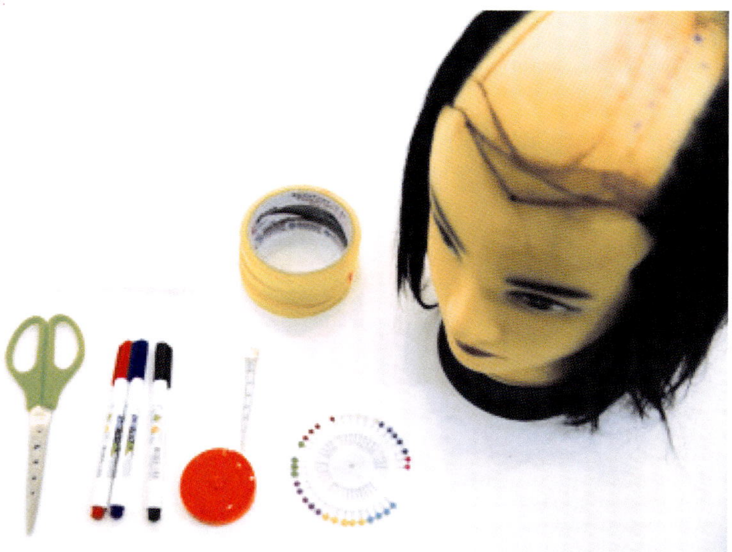

그림 4-1 비닐패턴 시술 준비물

사전 패턴 작업을 통해 선정해 둔 두상 포인트의 선들을 이용하여 가발이 두상에 안착될 위치를 고정시켜 주는 2차적인 작업으로써 테이핑 작업의 성공 여부에 따라 고객이 착용할 가발의 제작 성패여부와 착용감이 달라진다.

모든 테이핑 작업은 T.P지점을 중심으로 상 · 하(T.P→C.P, T.P→B.P) 좌 · 우(T.P→좌.E.P, T.P→우.E.P) 방향으로 바둑판 무늬를 형성하며 규칙적 배열을 하거나 상 · 하, 좌 · 우 또는 사선의 형태로 규칙적 배열을 5~6회 정도 단단하게 테이핑하되 패턴이 안쪽에서 구겨지거나 변형되지 않도록 해야한다.

특히 첫 번째 테이핑에 주의를 세심히 기울여야 한다. 테이핑이 완성되면 두상에서 제거하여 패치라인을 따라 잘라 준 후 가발 받침대 위에 세팅하여 테이핑으로 인해 희미해진 두상 포인트 지점을 다시 표기한다.

(1) 부분가발 비닐패턴 시술

Check point

탈모경계 라인 설정

두상의 탈모경계라인 설정 시 테이프식은 경계면과 가장 가까이, 고정식은 탈모와 비탈모 부분의 소량의 모발을 제거해야 하므로 테이프식보다는 조금 넓게, 클립식은 클립의 부착 지점이 비탈모 부분이어야 하므로 가장 넓게 경계라인을 설정해 주는 것이 바람직하다.

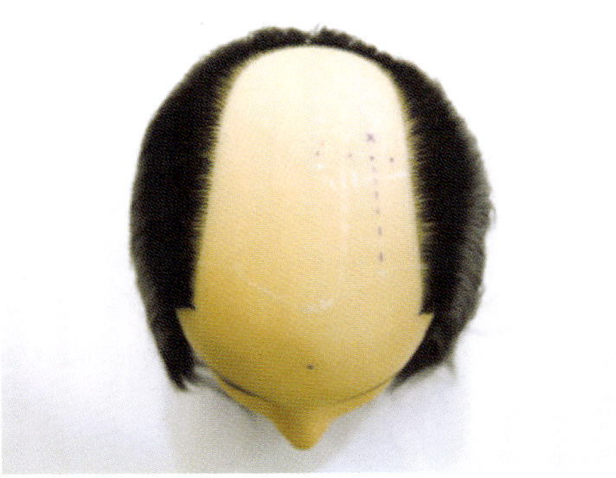

1. 두상의 탈모 부위를 확보한다.

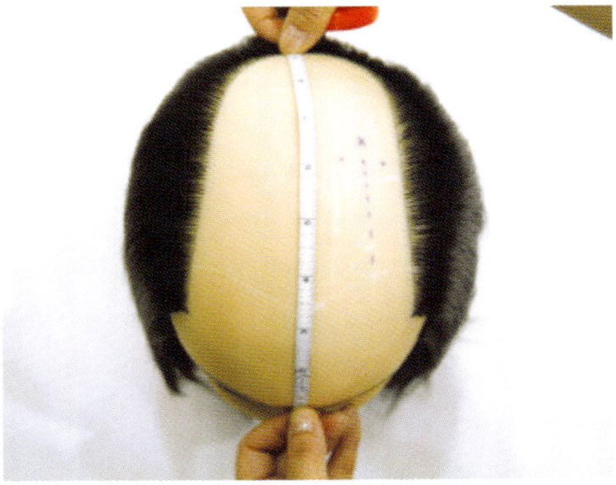

2. 정중선 라인을 따라 미간에서 T.P(Top Point) 지점을 지나 후두부 탈모 경계면의 길이를 잰다.

3. 왼쪽, 오른쪽 사이드의 비탈모 부분 E.P(Ear Point)에서 탈모 경계점까지의 길이를 잰다.

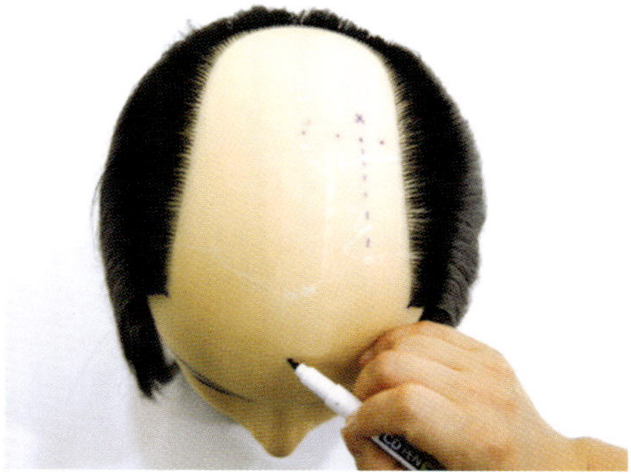

4. C.P(Crown Point) 지점 설정 : 미간에서 헤어 라인까지 손가락 세, 네개 정도 넓이의 포인트를 정리한다. 예) 미간에서 약 6~6.5cm 지점

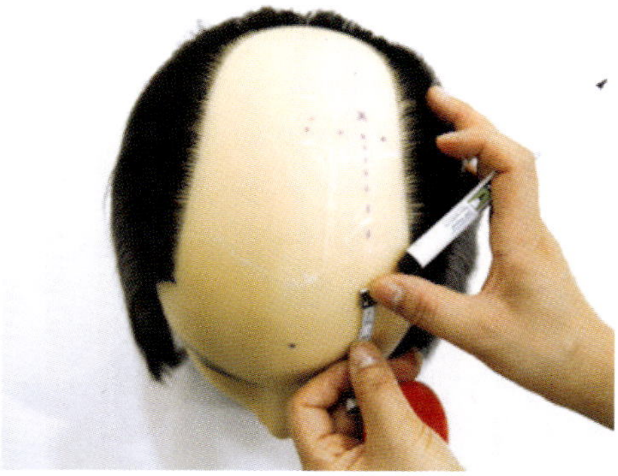

5. F.S.P(Front Side Point)지점(좌) 설정 : 눈썹산에서 45도 각도, C.P에서 1.5cm 안으로 들어간 지점에 표기한다.

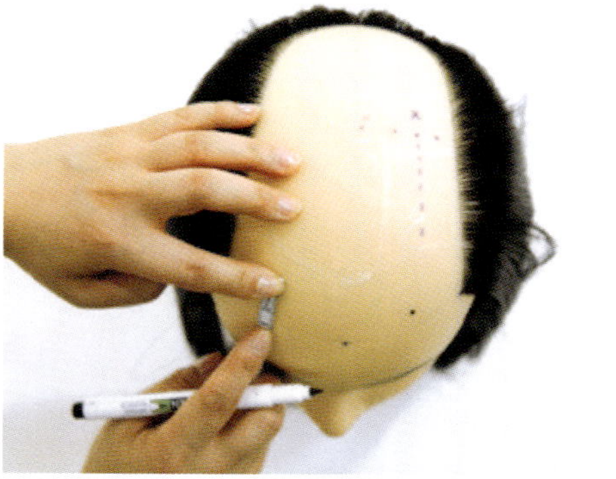

6. F.S.P지점(우) : 눈썹산에서 45도 각도로 C.P에서 1.5cm 안으로 들어간 지점에 표기한다.

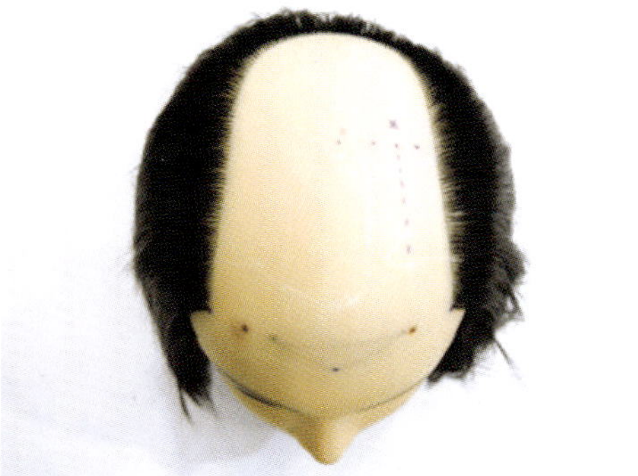

7. C.P에서 F.S.P지점을 트라이앵글로 잇는다.

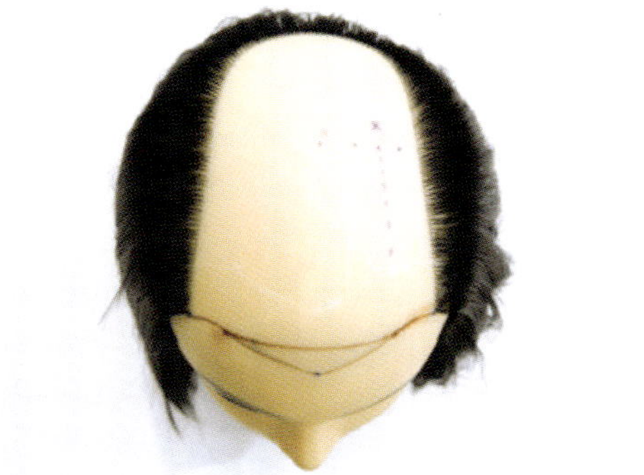

8. F.S.P에서 S.P지점을 자연스러운 반원 곡선으로 잇는다.

9. 이마 라인은 C.P에서 T.P방향으로 3cm 넓이의 스킨 라인을 펜으로 그린다.

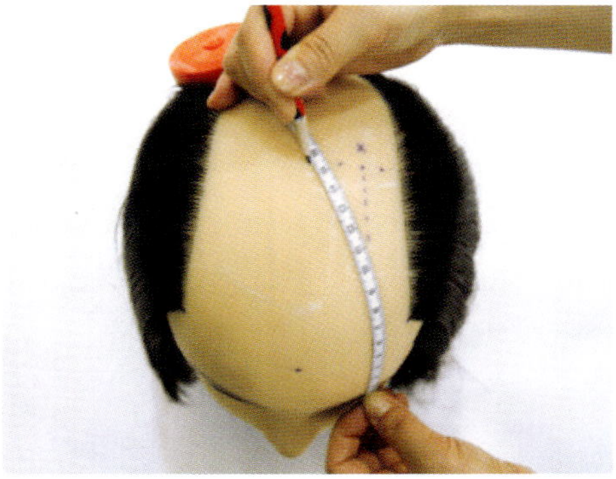

10. 가르마 지점 설정 : F.S.P.지점에서 G.P방향으로 톱포인트를 지난 지점을 표기한다.
예) F.S.P에서 약 7~9cm

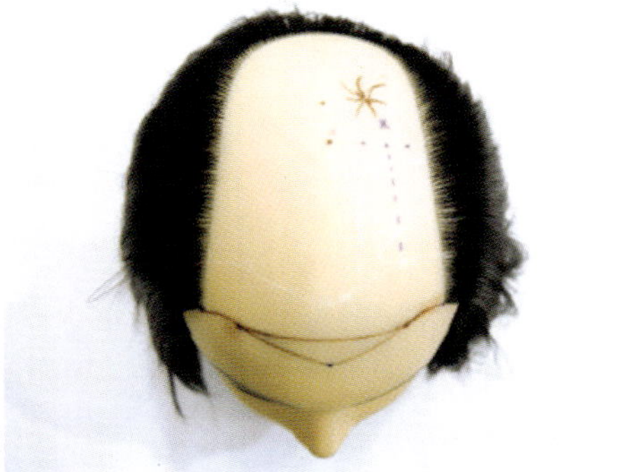

11. 가르마 방향으로 표기한다.

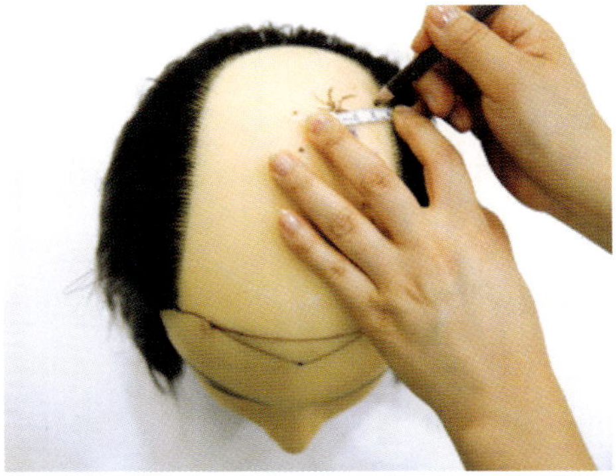

12. 가르마 선에서 좌측으로 2.5cm 지점을 표기한다.

13. 가르마 선에서 우측으로 2.5cm 지점을 표기한다.

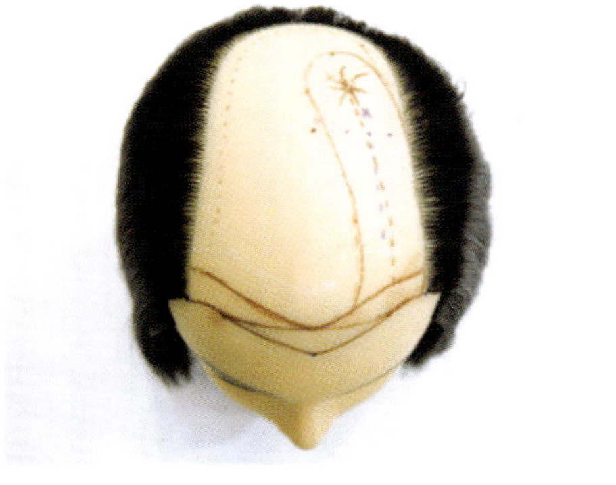

14. 가르마 선에서 좌측, 우측, 상으로 2.5cm넓이로 표기하여 U라인으로 그린다.

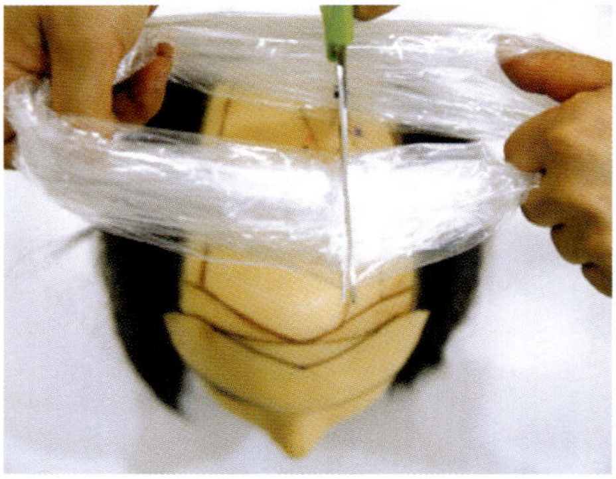

15. 패턴용 고장력 비닐을 적당한 크기로 자른다.
예) 약 50cm

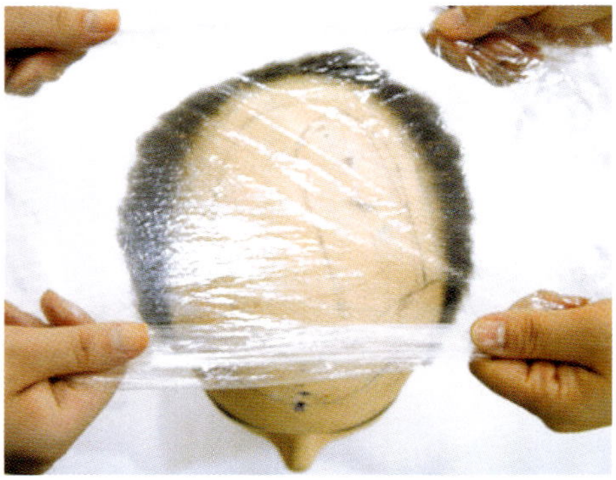

16. 패턴 비닐의 앞면을 1~2cm 접어 양측에서 두 사람이 같은 힘으로 비닐을 평평하게 펼친다.

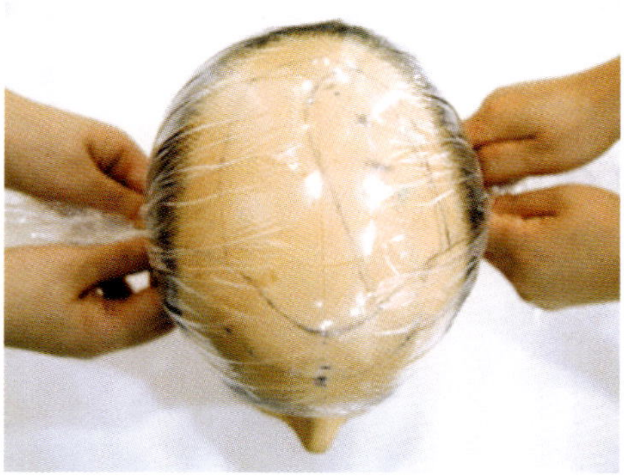

17. C.P를 중심으로 두상 위로 평평하게 당기면서 E.B.P(Ear Back Point) 위치로 내린다.

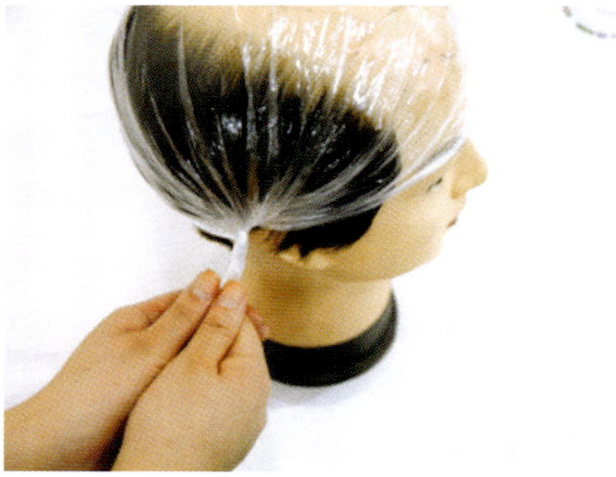

18. 한쪽에서 먼저 주름잡듯 패턴비닐을 모아 트위스트로 꼬아 밀착하여 E.B.P 지점으로 핀을 이용하여 고정한다.

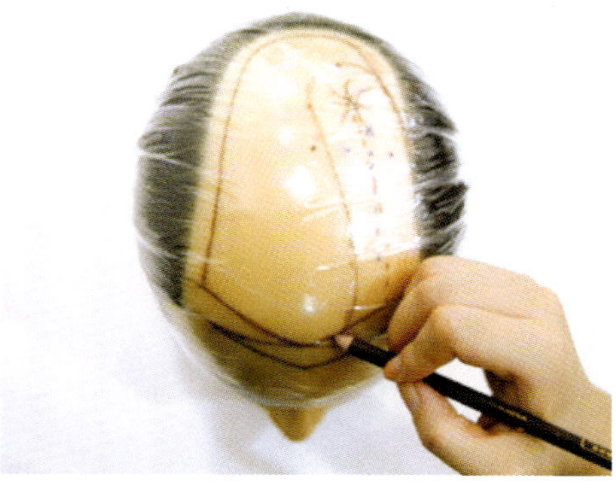

19. 패턴비닐 위에 비춰진 탈모 경계면을 따라서 검정색 펜으로 표시한다.

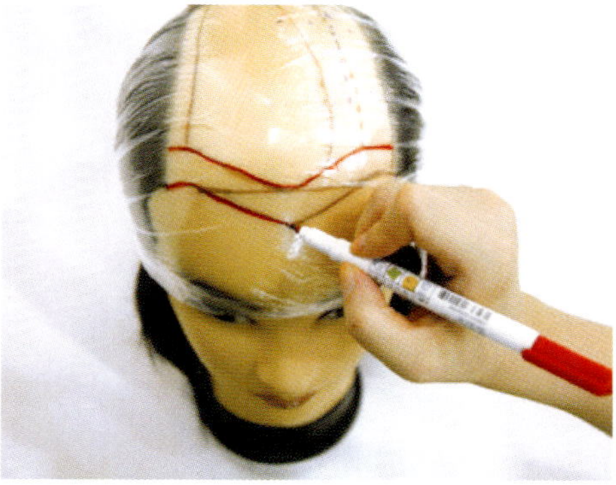

20. 전두 스킨라인 C.P를 기준으로 F.S.P~S.P까지 S웨이브 따라 기준선을 빨간색 펜으로 잇는다.

21. 패턴비닐에 실선을 정확하게 이어서 그려 완성한다.

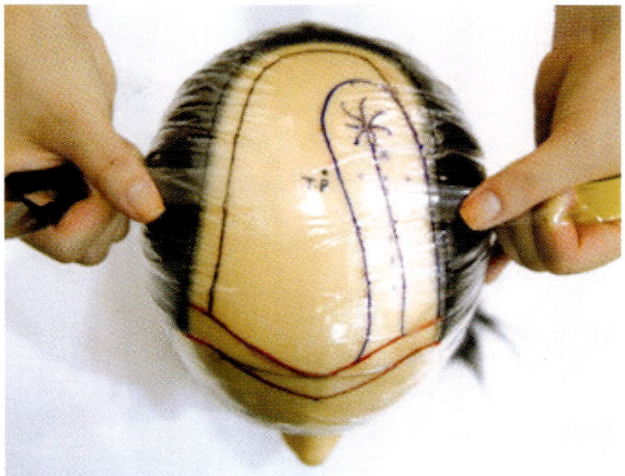

22. 왼손 사지에 테이프 끼우고 오른손은 테이프 끝과 가위를 잡은 채로 균등하게 힘을 조절하여 T.P~C.P방향으로 가로 테이핑을 한다. 두상 곡면 따라 끝이 E.P지점에 고정되도록 한다.

23. 정준선 라인따라 세로, 가로 번갈아 1/2씩 겹치게 테이핑하여 총 3회 이상을 테이핑한다.

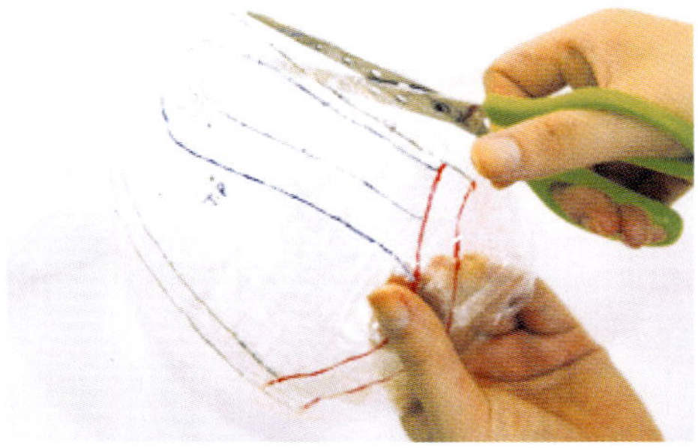

24. 테이핑 후 탈모경계면을 바깥으로 2cm 지점 여분을 두고 자른다.

Check point

탈모유형에 따른 가발 제작

① 고정식 가발 패턴 디자인

② 탈모유형: U자형 탈모

③ 좌 파트 (시술자/위그 디자이너의 경우 고객 등 뒤쪽에서 바라봤을 때 고객의 좌측)

④ 앞이마 부분은 나노스킨(0.3mm)으로 자연스러운 앞머리 가발제작

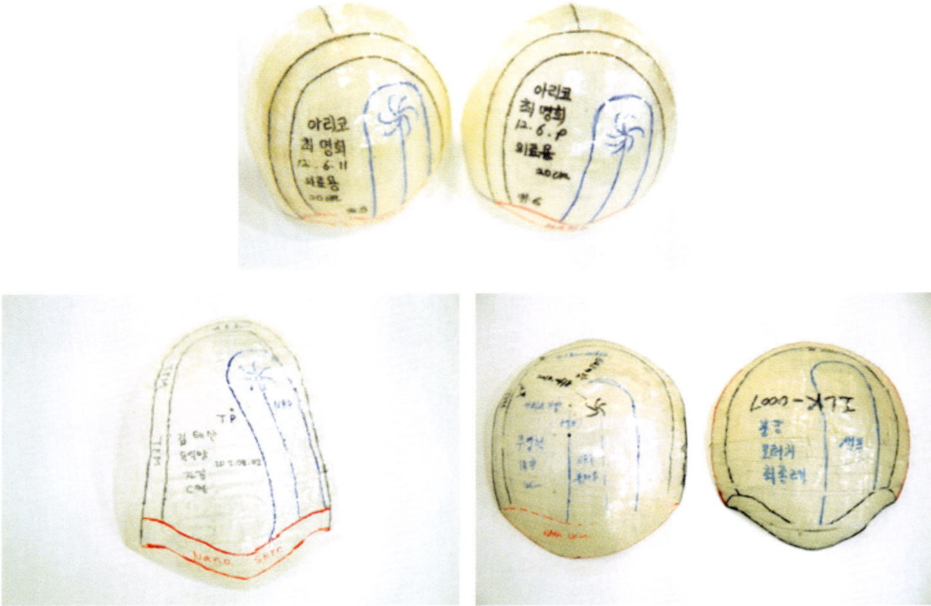

그림 4-2　완성 패턴의 사례

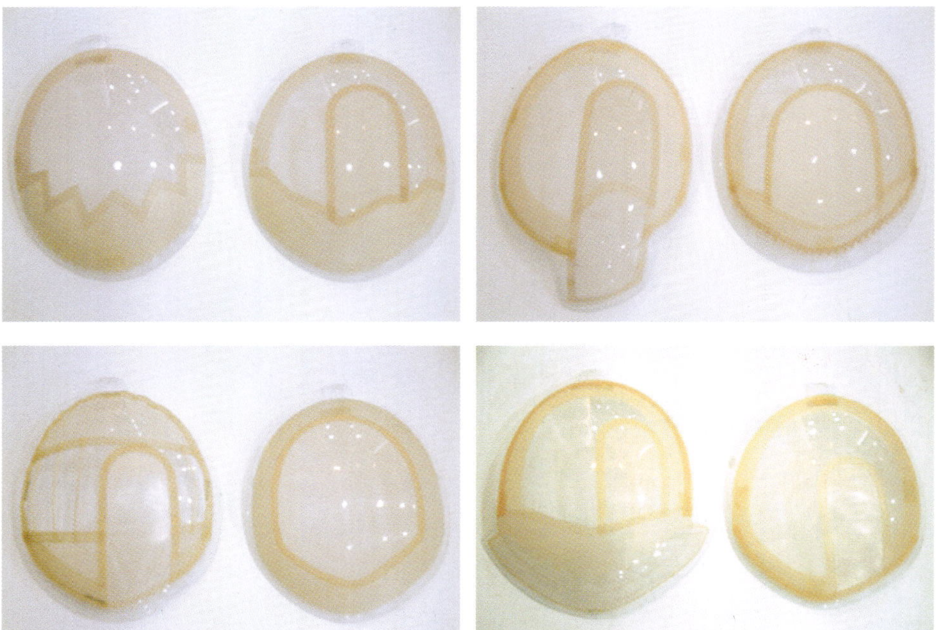

그림 4-3　패턴에 맞춰 제작한 (공장 제조과정 중) 캡의 사례

Check point

테이핑 방법

테이핑이란 이미 만들어 놓은 선들을 이용하여 가발의 크기와 들어갈 가발이 두상에 안착될 위치를 고정시켜 주는 것이다. 테이핑이야말로 고객의 정확한 두상을 측정할 수 있도록 만들어 주는 것이므로 섬세하게 해주어야 한다.

이미 만들어진 선들이 테이핑 하는 동안 지워지지 않도록 우선 전체적인 방향에서 균형을 잡아 한 번씩 해주어 스케치해 놓은 선들이 망가지지 않도록 한다. 그 다음 가로, 세로, 좌측 사선, 우측 사선 등의 순서대로 한 번씩 더 테이핑을 하는데, 테이핑이 어느 한쪽으로 쏠리지 않고 균등하게 들어갈 수 있도록 해주고 이 과정이 끝나면 다시 한 번 반복해서 적어도 5~6회 정도의 테이핑이 서로 겹치도록 해준다. 단단하게 테이핑할수록 시간이 흐른 뒤에도 패턴이 안쪽으로 구겨지거나 변형이 오는 것을 방지할 수 있다.

그러나 테이핑하는 과정이 너무 길면 고객이 그만큼 힘들어지므로 테이핑을 신속하고 정확하게 하기 위해 많은 연습이 필요하다. 또한 테이핑할 때는 테이프가 구겨지지 않고 바르게 펴질 수 있도록 되풀이하여 연습하여야 한다. 테이프가 많이 구겨지면 추후에 패턴이 들쑥날쑥해 보일 수 있다.

센터라인 정하기 (center point)

보통의 경우 미간에서 약 6~6.5cm 정도 윗지점을 가리키며 여성의 경우 엄지를 제외한 네 손가락, 남성의 경우 엄지와 검지를 제외한 세 손가락을 미간기준으로 이마에 가볍게 얹어 끝나는 지점을 포인트로 한다. (중요순서 : 두상 사이즈 재기, 두상의 기준점 표기, 각 지점 표기 및 선긋기, 가르마 표기 순서이다.)

(2) 전두가발 비닐패턴 시술

① 두상 스케치에서 주의를 기울였던 부분들을 중심으로 프런트, 사이드, 네이프의 곡면을 자연스럽게 살림으로써 패턴 시술을 행해야 한다.

② 두정부는 부분가발의 경우와 동일하게 패턴 시술하되, 크레스트선을 경계지점으로 한다.

③ 사이드 테이핑 후 좌.N.S.P-N.P-우.N.S.P 지점과 E.B.P-N.S.P지점을 먼저 테이핑하여 고정시킨 후 B.P 방향으로 약 5cm 위의 지점까지 가로 테이핑과 두상곡면에 따른 세로 또는 사선 테이핑하여 전체적으로 균등한 테이핑이 될 수 있도록 한다.

④ 프런트, 사이드, 네이프의 아우트라인이 들뜨거나 투박하지 않도록 테이핑하는 것이 포인트이다.

(3) 패턴시트를 이용한 시술

테이핑을 이용한 패턴 작업에 비해 정확도와 신속성에 있어 유리하나 고가의 도구를 사용하므로 주로 전두 가발의 패턴 시술시에 사용되고 있다. 또한 열을 이용한 시술인 만큼 고객이 화상을 입지 않도록 주의해야 하며, 재 사용이 불가하므로 한 번에 신속하고 정확하게 시술하여야 한다.

① 패턴 보호용 망을 고객의 두상에 씌워 모발을 완전히 망 속에 넣는다. 망속으로 들어간 머리는 울퉁불퉁하지 않게 고르게 두피에 밀착시켜 준다. 그렇게 해야 두상에 가장 근접하게 패턴시트가 안착된다.

② 틀에 패턴 시트지를 대고 프런트 헤어 라인을 표시한다. 그렇게 해야 이후에 어느 쪽이 프런트 쪽인지 분간할 수 있다.

③ 히팅건(공업용 드라이)를 이용하여 두께가 균일해지도록 패턴시트가 투명해질 때까지 열을 고르게 가한다. 고르게 열이 가해지지 않으면 나중에 어느 한쪽은 얇아질 수 있고 어느 한쪽은 두꺼워지는 현상이 생길 수 있다.

④ 패턴시트가 고르게 투명해진 후 시술자의 손등에 대어 보아 뜨거운 느낌이 없을 정도만 열을 식혀 준다. 이때 적당한 열은 시술자의 손등에 대어 보아 너무 뜨거운 느낌이 없는 정도면 적당하다.

⑤ T.P를 기준으로 천천히 좌 · 우 균등한 힘과 속도를 유지하면서 부분가발의 경우 귀 부분까지, 전두가발의 경우 목 부분까지 천천히 아래로 내려 준다. 좌우의 힘의 균형과 내려가는 속도가 일치하는 것이 중요하다. 부분가발의 경우 귀 부분까지, 전두가발의 경우 목 부분까지 내려 준다.

⑥ 패턴시트지의 열이 완전히 식을 때까지 기다린다. 두피는 예민하기 때문에 고객이 뜨거움을 느끼지 않도록 찬 물수건을 올려 주거나, 네이프 쪽에서 냉풍을 쐬어 주어 열이 빨리 식을 수 있게 도와준다.

⑦ 열이 완전히 식었으면 패턴시트가 망가지지 않게 패턴시트를 주의해서 위로 들어 올린 후에 두상에서 분리하고 틀에서 시트를 분리한 후 탈모범위보다 조금 크게 잘라 준다.

⑧ 잘라 낸 패턴시트를 다시 두상 위에 올려놓고 패턴 라인을 형성한다. 가발의 모양을 결정하는 패턴라인을 만들었으면 수성 팬이 지워지지 않도록 주위에 테이핑을 한 겹 대어 주어 선이 지워지지 않도록 해주는 것도 좋다.

Section 3 작업지시서

두상을 스케치하고 가발 패턴이 완성되었다면 선 작업의 마지막 단계로 작업지시서를 작성하여야 한다. 작업지시서는 만들고자 하는 자와 만드는 자를 연결하는 중요한 작업이다.

작업지시서 작성이 잘못되었을 경우 의도했던 가발형태와 전혀 다른 형태의 가발이 제작될 우려가 있기 때문에 각각의 항목마다 충분한 상담과 진단을 통하여 정확히 명시하여야 하며 특별한 주의사항이나 전달사항은 별도로 적어 두는 것이 바람직하다. 모발 색상표와 작업지시서(Work Sheet)를 고객과 함께 작성한다.

작업지시서

회사명					작성일	
지점명		연락처	사무실: H.P:		도착일	
고객명		제작공법		수량	착용일	

특정/위치	앞 (Front)	뒤 (Back)	중앙(Center)	옆 (Side)	파트(Part)	기타
모량	%	%	%	%	%	
백모						인모 ( ),인조모( )
모질	중국모 (80%)		인도모 (20%)		인조모( )% + 레미모( )%	
모장				모장 특별 지시 (CM), ( )inch		
모색						

머리모양(Hair Style)

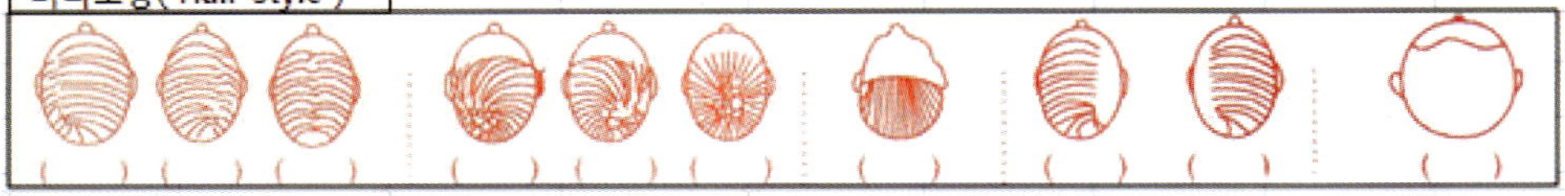

Color Ring	머리카락샘플 부착	자재구성			
		BASE COLOR 캡 색상	BLK 검정	FLS 살색(피부파)	기타

클립형

1. 클립 수 ( )개
2. 위치표시
패턴그림에그려넣는다

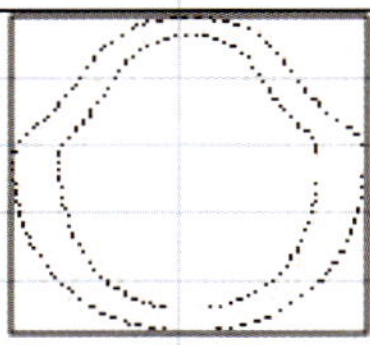

스킨

1.일반형 ( ),나노( )
2.위치별 두께 표시
3.스킨 코팅 여부( )
4.스킨 색상 ( )

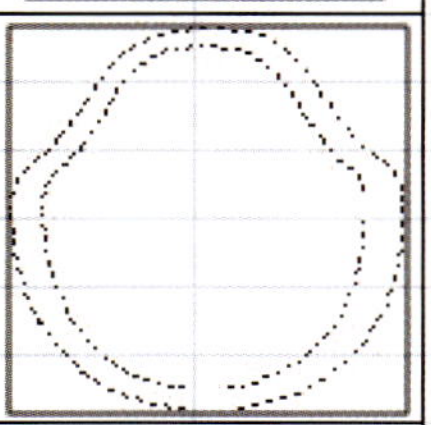

SPECIAL INSTRUCTIONS (특별 작업지시)

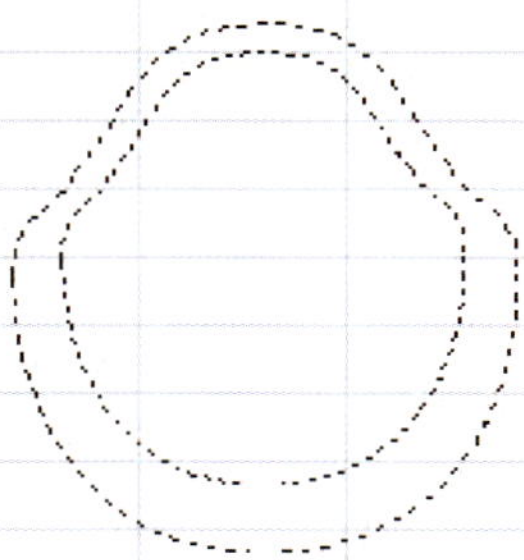

가르마	둘레 (패치)
좌파트 ( )	나노형 (보통, 두껍게)
우파트 ( )	일반형 (보통, 두껍게)
노파트 ( )	스킨폭 ( )cm
NRP 공법 ( )	

< 메 모 > 나노스킨 ( ), NRP ( )
공법 ( ), M.P ( )
언더루핑 ( ), Join ( )
독일망 ( ), SUIN망( )

아 리 코

그림 4-4 작업지시서

Check point

작업지시서 작성법

① 지점명, 담당자, 상호를 반드시 적는다. 이때 고객사항은 이름만을 기재하고 고객 전화번호 등 개인적인 사항은 기재하지 않는다.

② 접수일, 도착일, 착용일을 기재한다. 위그 제작기간은 대체로 4~7주 가량 소요된다는 것을 참고로 하며 도착 후 위그 손질 시간을 고려하여 1~2일 후에 고객과의 피팅 날짜를 잡는다.

③ 수량의 경우, 탈모용 가발이면서 처음 착용자는 2 pcs를 기준으로 추천한다.

④ 중국모와 인도모의 비율은 8 : 2 가 적당하며 고열사와 인모의 비율도 8 : 2를 기준으로 한다. 단, 고객의 모발이 비교적 굵은 경우에는 중국모 100%로 하는 것이 적당하지만 굵은 모라도 웨이브를 원할 때는 인도모를 사용한다. 이는 인도모에서 컬이 잘 표현되기기 때문이다.

⑤ 백모를 혼합해야 할 경우 전체 가발에서 백모의 비율분표는 앞 부분 3%, 중앙 부분 3%, 귀밑 부분 8%, 옆 부분 5%, 뒷 부분 5% 정도가 일반적이다. 단, 연세가 많은 분들은 앞 부분 3%, 중앙 부분 3%, 뒷 부분 7~8%, 귀밑 부분 15% 등으로 하는 것이 적당하다.

⑥ 나노스킨의 표기는 (0.3mm) = (NANO SKIN)가 일반적이며, 얇고 두피에 딱 붙기에 가발 티가 나지 않지만 잘 찢어지는 단점이 있다는 것을 참고한다.

⑦ 망을 선택할 때, 망은 P-30 (폴리에스테르), NN-17 실크망, NN-19사 SKIN망, 꽃망, SAPN망(大,小), 육각망(NN-16 210D), 용천망, 융망, FILM LACE망, MONO망, 독일망 등 매우 다양하므로 고객의 헤어스타일, 취미, 땀이나 열이 많은 체질, 가격, 공법에 따라 선택하도록 한다.

망의 형태에 따른 장단점

	형태	사각망
형태		
차이점	• 수제의 방향성이 다양하여 자연스러운 헤어스타일 연출이 가능하다. • 오래 사용하여도 캡 전체의 실루엣이나 형태의 변형이 없다. 둥근머리 형태가 그대로 유지된다.	• 사각형 망은 방향성이 4방향으로 한정되어 있다. 쉽게 평면이 되어 버리기도 한다. • 미국인들은 아직도 선호하고 있다.

* 형태에 따른 육각망, 사각망의 선호도보다 더 중요한 것은 망의 재질이나 특성으로 이에 따라 위그의 질이 결정된다.

⑧ 모장의 경우 10~12㎝가 보편적이다.

⑨ 모량은 60~65% 정도가 일반적이며 모량을 결정하는 일은 매우 신중해야 하므로, 특히 초보자에게는 신중을 기하는 부분이다. 모량은 대부분 65%를 넘지 않도록 주의 한다. 모량이 너무 많으면 부자연스러워서 가발 티가 많이 난다.

⑩ 모질은 염색, 펌, 드라이 등이 가능한 인모로 선택하며, 컬이 필요하면 19mm, 25mm, 28 mm, 32mm 등으로 컬을 결정한다. 컬이 필요할 때는 중국모 : 유럽모를 4 : 6, 혹은 7 : 3 이나 8 : 2 로 혼합하여 사용한다.

⑪ 모발 컬러는 컬러링을 사용하여 고객 모발과 가장 유사한 컬러를 선택한다. 컬러링은 회사마다 조금씩 다르다는 것을 참고한다.

1. 부분 가발

(1) 모질

일반모질로 할 것인지 큐티클의 일부분이 남아 있는 래미모로 할 것인지 결정하여 지시서에 별도로 표기하여야 한다. 특히, 래미모의 경우라면 별도로 작업지시서에 작성하여 표시해 주도록 한다. 대부분 한국인의 경우 중국모를 많이 사용하는 것이 특징이다. 중국모가 한국인의 모질과 가장 흡사하며, 몽골모를 사용하기도 하지만 아직까지는 가격적인 면에서 한계에 부딪히고 있는 것이 현실이다. 모질이 얇은 사람의 경우 인도모를 사용하기도 하지만 대부분의 경우 인도모는 잔머리 처리용으로 많이 사용된다.

(2) 모발 컬러

컬러 샘플을 직접 고객의 모발에 덧대어 가장 유사한 샘플을 찾아내어 표기하고 고객의 모발 일부를 잘라내어 작업지시서나 패턴에 붙여 보낸다. 또한 밝은 컬러를 원하는 경우 제작된 가발을 밝은 색으로 염색하면 손상이 많이 따를 수 있기 때문에 고객이 원하는 밝기의 컬러를 정하여 가발을 제작하고 추후에 고객의 모발 컬러를 가발의 컬러로 맞추어 주는 방법을 선택하도록 한다.

컬러 차트를 사용하여 고객의 모발과 가장 적합한 그 번호를 작업지시서에 기재한다.

그림 4-5 모발 컬러 차트

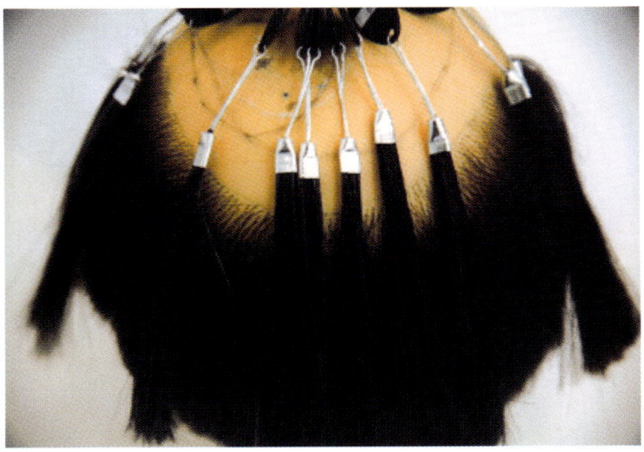

그림 4-6 컬러 차트의 사용

(3) 스킨 컬러

가발의 스킨 부분은 고객의 이마에 직접 닿는 부분이기 때문에 피부 톤을 고려하여 세심하게 결정하여야 한다. 같아 보이는 피부 톤도 엄밀히 말하면 모두 다르듯 착용자의 이마에 직접 닿는 스킨 또한 모두 다르다고 할 수 있다.

스킨 샘플을 이용하여 스프레이로 대조 스킨을 적신 후 대조 스킨 샘플을 직접 대어 보고 컬러를 결정한다. 스킨의 컬러를 정할 때, 사람은 누구나 땀을 흘린다는 것에 착안하여 스킨이 마른 상태가 아닌 젖은 상태에서 색상을 정해야만 착용 후 어색함을 줄일 수 있다.

(4) 모장

일반적인 남성 가발의 모장 길이는 7인치 정도로 대략 12cm가 기준이다. 그러므로 가발모의 길이는 보통 탈모 고객의 모장보다 긴 12cm 정도의 모장으로 착용 후 본 머리와 연결하여 원하는 스타일의 커트를 한다. 고객이 특별히 원하는 기장이 있을 경우 별도로 표기한다.

(5) 모량

모량을 결정할 경우 전체 모량은 60~65% 정도가 적당하지만 착용자가 가지고 있는 모량에 최대한 맞추는 것이 좋으므로 착용자의 특성이나 부분 모량의 특성을 잘 고려하여야 한다. 일반적이지만 처음 가발을 착용하는 사람일수록 모량의 비율을 낮추어 어색함을 줄여 주고 기존 착용자일수록 모량의 비율을 높여 주어 A/S 기간이 지나치게 빨라지는 것을 방지하는 것이 좋다. 또한 비교적 연령대가 낮은 사람일수록 모량의 비율을 높이고 연령대가 많은 사람일수록 모량의 비율을 낮춰 주는 것도 하나의 요령이다.

전체적인 모량을 정했다면 프런트(front), 톱(top), 사이드(side), 백(back), 파트(part) 등의 모량을 섬세히 나누어 주는 것이 좋다.

예를 들어 사이드에 본 모발이 많지 않은 착용자라면 사이드의 모량을 늘려서 가발을 착용했을 때 본 모발의 부족함을 보완해 줄 수 있도록 한다.

(6) 모발의 웨이브

맞춤 가발의 경우 직모로 만들어지게 되면 착용자의 손질에 어려움이 많이 따르는 것이 사실이다. 그러므로 탈모용 맞춤 가발의 경우 약한 C컬의 웨이브를 잡아 주어 직모로 인한 손질의 어려움을 줄이는 방법을 사용한다. 인모 가발의 경우라 하더라도 큐티클 보호층이 없기 때문에 컬이 강하면 요철현상이 생길 수 있으며 손질에 어려움이 따르므로 강한 컬을 원할 경우 정확히 표기하여야 한다.

(7) 백모 혼합률

백모는 적게는 3%에서 많게는 7~80%까지 혼합하지만 대부분의 경우 20%의 혼합률을 넘지는 않는다. 연령대가 높은 착용자이거나 본 머리에 백모가 있는 고객이 특별히 염색을 계획하고 있지 않다면 본 머리의 백모량과 맞추어 주는 것이 자연스럽다. 연령대가 많은 사람일수록 검은 머리만 있다면 어색하다는 것을 잊지 말도록 한다.

(8) 인모와 인조모 혼합비율

탈모용 맞춤 가발의 경우 100% 인모를 선호하는 경향이 있지만 혼합모를 사용한 기존 착용자이거나 두피 쪽의 볼륨 형성이나 자연스러운 스타일링을 원할 경우, 인조모와의 혼합형을 고려하기도 한다. 그러나 인조모의 경우 모발의 컬러 변색이나 모질 변형 등이 진행될 수 있기 때문에 최대 30% 이내로 혼합하는 것이 바람직하다.

(9) 가르마

패턴 작업시에 미리 설정해 둔 우파트, 좌파트, 노파트 등의 가르마의 위치를 작업지시서에 정확히 표기하여야 하며 모류의 방향 및 가르마 부위의 소재 등을 정확하게 기재하여 준다.

2. 전두가발

부분가발과 동일한 목록과 절차에 따라 작업지시서에 정확하게 표기하여야 하며, 특히 사이드와 네이프의 모량부분에서 세심한 주의를 기울여야 한다. 전두가발의 특성상 네이프 부분의 모량이 적을 경우 들뜸과 갈라짐 현상이 생길 수 있기 때문에 최대 25%까지 모량을 많게 해주는 것이 바람직하며, 좌 · 우 S.P와 N.S.P는 와이어만 넣을 것인지 일반적으로 사용하고 있는 사이즈 조절 밴드를 넣을 것인지 삽입여부를 결정하여 표기한다.

Section 4 너팅(knotting)

고객의 패턴을 뜬 후 캡을 만들고 난 다음 공정 작업이 바로 너팅이다. 너팅 작업은 시공자의 손으로 직접 모발을 뜨개질하여 심는 방식인 손 뜨기와 기계를 이용한 기계 뜨기가 있는데 수공으로 만든 가발제품은 기계제품에 비해 정교하나 제작비용이 비싼 편이다.

1. 손 뜨기

손 뜨기는 파운데이션의 네트(net) 위에 실제의 두피처럼 너팅 홀더(knotting holder)를 이용하여 너팅 니들(knotting needle)로 일일이 손으로 모발을 심어나가는 방법이다. V-너팅, 더블-너팅, 반더블-너팅(Half-Wknotting), 싱글-너팅(Single-knotting), 반싱글-너팅(Half-single-knotting) 방식 등이 있다.

실제 인모 모류의 흐름과 거의 비슷하게 모발의 흐름을 자유롭게 바꿀 수 있으며, 특히 헤어 라인 부분의 주위를 정교하게 작업할 수 있으므로 훨씬 자연스러운 장점이 있다. 이런 기본적인 네트 외에도 두상의 크기에 따라 다소 신축성 있는 파운데이션도 있다.

① 너팅의 재료

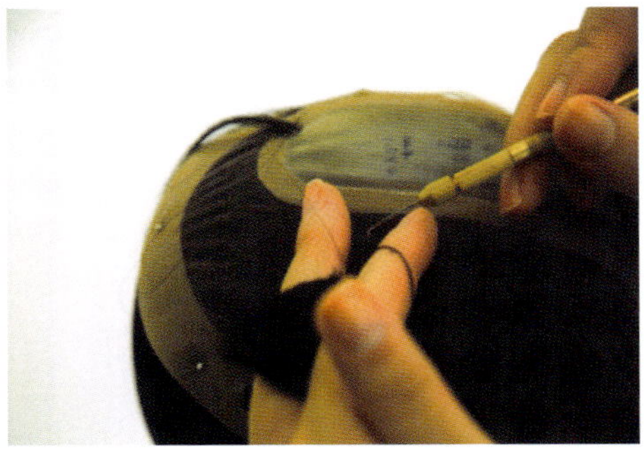

② 너팅 재료(바늘과 모발)와 너팅하기

③ 너팅 재료(바늘과 모발)와 너팅하기

그림 4-7 너팅 재료(바늘과 모발)와 너팅하기

2. 기계 뜨기

기계 뜨기는 모발이 심겨진 가늘고 긴 조각을 네트에 박음질하거나 실제로 네트에 기계가 직접 모발을 박음질해 주는 방법을 말한다. 모발의 흐름이 정해져 있어서 스타일을 바꾸기가 힘들고 정교함이 부족하여 인위적인 느낌이 나지만 가격이 저렴하고 다양한 색상과 스타일을 만들 수 있으므로 패션 가발로써 과감한 변신이나 특별한 날 외에 화려한 치장을 원하는 사람들에게 인기가 많다.

Chapter 5
위그 스타일링

Chapter 5
위그 스타일링

Section 1 위그 커트

1. 위그 커트의 개념 및 종류

위그의 커트는 사람머리를 커트할 때와는 다르므로 커트 방법과 방식 면에서 차이가 난다. 가발의 커트는 가위로 커트하기보다는 틴닝 가위 혹은 레이저 커트를 주로 한다. 틴닝 가위는 가발 전체 모량의 조절에 레이저 커트는 본 머리와의 자연스러움을 연결하는 데 중요한 역할을 하기 때문이다.

가발의 모발 길이를 잘못 선정하여 커트되었을 때 사람의 모발 길이와는 달리 그 길이가 자라지 않기 때문에 많은 시간과 공정을 들인 고가의 상품을 일시의 버려야 할 경우가 있으므로 위그 커트는 더욱 세심한 주의가 요구되는 작업이다.

특히 위그 커트는 지속적으로 자라나는 본 머리와의 연결성이 가장 중요하며 연결부위가 무겁지 않고 자연스럽게 이어질 수 있도록 모량조절에 주의를 기울여야 한다. 커트 방법의 제한을 두지는 않지만 보통 틴닝 기법으로 자연스럽게 모량을 줄여 가며 기장을 조절하거나 블런트, 포인트, 슬라이싱, 레저, 브릭 커트 등 다양한 방식으로 커트할 수 있다.

베이직 커트(Basic cut)는 전체적인 가발의 기장을 선정할 때 가위를 사용하여 패턴의 모류에 따라 기본 커트를 한다. 일반적인 커트 방법에 준하며 패턴의 테두리 2cm 정도는 커트하지 않는다.

모의 길이를 일정 상태로 유지시키면서 모발 숱의 양을 감소시키거나 부분적으로 밀집되어 있는 모발 표면의 흐름을 해체시키고 색채감을 조절하고자 할 때 사용된다. 모발은 각각의 독립된 성장 주기를 가지므로 매일같이 생성과 탈모가 반복되어 항상 자연스러운 틴닝 상태를 유지하고 있다. 그러므로 가발 착용 시에 자연스러움을 유지시키기 위해서 틴닝 가위로 모발을 테이퍼링(tapering)하는 기술을 활용한다.

일반적인 틴닝 커트 방법에 준하며 모발량을 적게 잡아서 얇게 틴닝하며 패널(panel)을 잡을 때 모결을 모아서 잡지 말아야 한다. 가르마 부위는 C.L.(center line)을 기준으로 1cm 정도는 틴닝하지 않으며, 패턴의 테두리 선 2cm 정도는 끝 부분만 가볍게 틴닝한다.

Check point

위그 커트에 사용되는 도구

① 가위

가위는 이발할 때 주로 사용하는 7인치 정도의 장가위와 미용할 때 사용하는 4인치의 단가위가 있다.

② 틴닝 가위 (thinning scissors)

커트된 부위가 뭉쳐 보이거나 숱이 많은 부분을 자연스럽게 하는 가위로 가발의 커트에 있어 틴닝 가위는 매우 큰 역할을 한다. 가윗날이 요철 모양의 날로 가위살이 고울수록 숱을 쳐내는 양이 적고 블런트 커트(blunt cut)보다는 너칭 커트(notching cut)를 하여 무딘 느낌을 감소시키는 것이 좋다

③ 레저 (razor)

커트할 때 사용하는 칼로 면도날처럼 생겼고 자연스러운 커트 모양을 연출할 때 사용한다. 커트 후 자연스러움이 가장 크지만 모발 손상도는 크다.

④ 빗 (comb)

커트시 반드시 필요한 것이 빗이다. 머리길이나 사용자의 특징에 맞는 빗을 선택한다.

⑤ 헤어 클리퍼 (hair clipper)

깔끔하게 처리될 부분에 시용한다. 주로 남자들의 뒷머리, 즉 상고형이나 스포츠형 머리 커트 시에 사용된다.

두상의 위치에 따라 커트 기법에도 차이가 있는데 주로 T.P-B.P 지점은 T.P를 기준으로 방사형의 파팅을, E.P를 기준으로 한 사이드는 수직 파팅, 좌 · 우 S.C.P지점은 구렛나루가 짧아지지 않도록 전대각으로 하여 흐름을 앞쪽으로 잡아 주어야 한다. 또한 E.B 이하는 후대각 라인으로 잡아 각도를 들어 주어 자연스러운 질감과 대각의 커트선을 표현한다.

스트록 틴닝 가위를 사용하여 슬라이드 효과를 내기 위해 섹션을 잡은 모발을 트위스트하여 모발 끝에서부터 두피 쪽 방향으로 1/2만 커트하고 가장 안쪽 섹션은 조금 무겁게 밖으로 올수록 가볍게 질감 처리한다

(1) 틴닝 커트

틴닝(thinning)[8]이란 머리길이는 그대로 두고 전체 머리 숱의 감소를 목적으로 한다. 가발에서의 틴닝은 자신의 머리와 같은 느낌을 주기 위한 자연스러움을 목적으로 한다. 가발을 커트함에 있어 커트의 방법 중 테이퍼링이 있는데, 이것은 끝이 붓끝처럼 가늘어지는 것을 말하는 것으로 틴닝과 테이퍼링의 적절한 커트 기술이 필요하다. 틴닝 가위를 이용하여 모량을 조절하며 커트하는 질감감소방법으로 한 번에 많은 양을 커트하는 것보다 섹션을 적게 잡고 3~4회 나누어 시술하면 자연스러운 질감표현 효과를 낼 수 있다.

Check point

틴닝(thinning) 가위로 커트하는 방법

커트를 할 방향은 가로로 하기보다는 보편적으로 세로 커트를 많이 한다.

① 수분이 충분한 상태에서 빗질이 잘 된 상태에서 섹션을 2㎝ 간격으로 하여 커트해야 할 지점에서 모발 끝으로 가능한 한 많은 횟수로 틴닝해 나간다.

② 커트 속도는 약하게 시작하여 점차 빠른 동작으로 힘과 속도를 낸다.

③ 헤어스타일에 따라 슬라이스 및 커트 각도를 조절하며 커트 시작 지점을 잘 조정한다.

8) 전체 길이를 줄이는 일 없이 안쪽으로 길이를 짧게 하여 머리를 엷게 숱을 쳐내는 것

(2) 블런트(blunt) 커트[9]

일자 블런트 가위를 사용할 경우 각도를 주어 층을 약간 주어 모발 끝의 질감이 너무 무거워지지 않도록 주의하여야 한다.

(3) 포인트(point) 커트[10]

블런트 가위를 사용하여 45° 각도로 세워서 커트하는 방식으로 모발에 가위 자국을 남기지 않고 경계 라인을 자연스럽게 하여 틴닝을 줄일 수 있으며, 블런트 커트시에 각도를 주어 질감을 조절하는 것과 같은 효과를 낼 수 있다.

(4) 슬라이싱(slicing) 커트

블런트 가위를 사용하여 일정 모량을 손끝으로 잡은 상태에서 자연스럽게

미끄러지듯 내려오는 커트 방법으로 모발이 긁혀 나가지 않도록 주의하여 구렛나루 S.C.P지점에 사용하면 효과적이다.

(5) 레저(razor) 커트

레저 칼을 사용하여 자연스러운 헤어 라인을 형성코자 할 경우에 사용하며 레저의 특성상 반드시 워터 커트를 해야만 손상을 최소화할 수 있으며 기장 조절은 가로, 질감처리는 세로방향이 효율적이지만, 시간 경과 후 요철로 인한 킹킹현상이 생기는 단점이 있다.

---

9) 가위로 단번에 자르는 커트

10) 잘 정돈된 모발 끝을 지그재그로 커트하여 모발 끝의 질감을 내는 커트기법

Check point

레저(razor)로 커트하는 방법

블록(block)마다 길고 짧은 모발 길이를 남김으로써 불규칙하게 하고 본인 모발과의 연결을 유지시킨다. 인모나 가발을 커트함에 있어 레이저는 가장 자연스러운 커트 방법이기는 하지만 손상도가 높기 때문에 시술 시에 주의를 요한다.

① 물을 충분히 적신 후에 약 1~2㎝ 간격의 슬라이스로 고운 빗질을 한 다음, 섹션이 평평한 가운데 손목의 자연스러운 회전 운동으로 커트를 한다.

② 칼날은 섹션과 수평을 이루어야 하며 굵기보다는 매끄러운 스트록을 하는 느낌으로 시술한다.

(6) 브릭(brick) 커트[11]

주로 젊은 층에서 볼륨감 형성을 위하여 사용하는 커트 방법으로 모량 조절시에 유리하다. 이 기법은 섹션 부위에 구멍을 내듯이 솎아내듯 커트해 주는 기법으로 모발을 쌓는 듯한 느낌으로 커트한다.

Check point

네이프 라인과 이미지

남성의 짧은 머리의 경우 특히 네이프 라인에 따라 이미지의 큰 변화를 추구할 수 있는데 컨벡스 라인의 경우 N.S.P의 밝고 가벼운 명함처리로 젊은 감각과 슬림한 효과를 주어 굵은 목선을 보정하고 컨케이브 라인의 경우 무겁고 어두운 질감으로 인해 상대적으로 목선이 너무 가늘어 보이는 것을 방지할 수 있기 때문에 마른체형의 단점을 보완할 수 있음에 유의하여 라인을 설정한다.

11) 질감을 내는 기법의 하나로, 잘 쌓아 놓은 벽돌같이 틈새를 가위로 커트하여, 모근을 세우는 동시에 경량감을 주는 커트 기법

2. 위그 커트의 실제

위그 커트를 위해서는 분무기, 빗, 가위, 핀셋 등이 필요하다. 우선 위그 피스와 고객 모발의 모량이나 길이의 부자연스러움을 방지하기 위해 본 컨트 전에 프레 커트(pre-cut)를 시술한다. 프레 커트 후에 전체적인 조화를 위한 디테일한 완성을 위해 포인트 커트 기법을 활용한다.

그림 5-1 위그 커트 준비물
가발 커트를 위한 준비물(분무기, 빗, 가위, 핀셋)

Check point

가발 커트 시의 가이드 라인

커트를 할 경우에는 반드시 기본이 되는 가이드 라인을 정하게 되는데 대부분 먼저 커트한 전 단계의 섹션이 가이드 라인이 된다. 그러나, 가발의 경우는 예외로 이전 단계 섹션을 가이드 라인으로 할 경우에는 커트 완성 후에 본 머리와 가발의 자연스러운 연결이 불가하므로 최소 2~3단계 전 섹션을 가이드로 하여야 본 모발이 자라도 가발과 경계선이 생기는 것을 방지할 수 있기 때문에 커트시에 이 점을 특히 유의한다. 또한 분무량에 따라서도 커트선이 달라질 수 있는데 본 모발의 경우는 모발을 중심으로 분무를, 가발의 경우는 두피를 중심으로 적당량의 수분을 공급하여야 한다.

1. 톱피스를 부착한 후, 위그 피스와 고객 모발 경계선 부분의 가로 슬라이스를 가이드로 정하고, 온 더 베이스(on the base)로 커트한다.

2. 커트된 슬라이스 (1)과 다음 연결해야 할 사이드 부분 (2)을 구분한다.

3. 사이드부분의 템퍼럴 섹션(측두부)인 (1)과(2) 부분을 모아서 120도 각도로 빗질한다.

4. 커트된 가이드에 맞춰서 프리 베이스로 진행한다. 좌, 우의 사이드 부분의 템퍼럴 섹션도 동일한 방식으로 커트한다.

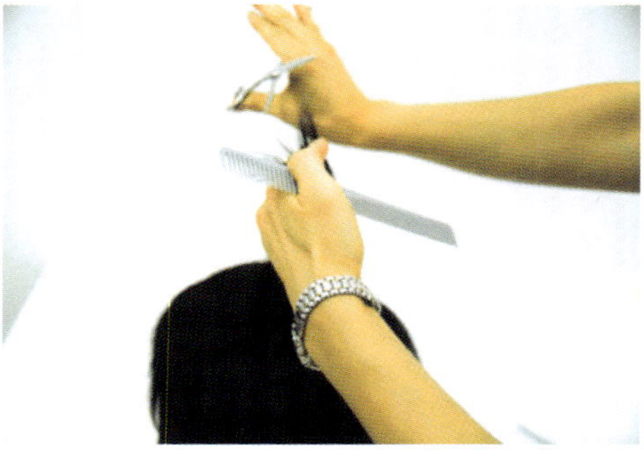

5. 커트된 템퍼럴 섹션을 가이드로 하고, 톱섹션을 90도로 연결 커트한다.

6. 5번과 동일하게 진행하며 톱 섹션의 다음 연결 커트를 진행한다.

7. U자형 섹션(Recession Section Line)을 중심으로 커트된 슬라이스를 가이드로 하고, 중심선(Center Line)에 대칭이 되도록 오버 다이렉션을 하여 프레 커트를 완성한다

그림 5-2 위그 커트 과정 : 프레 커트

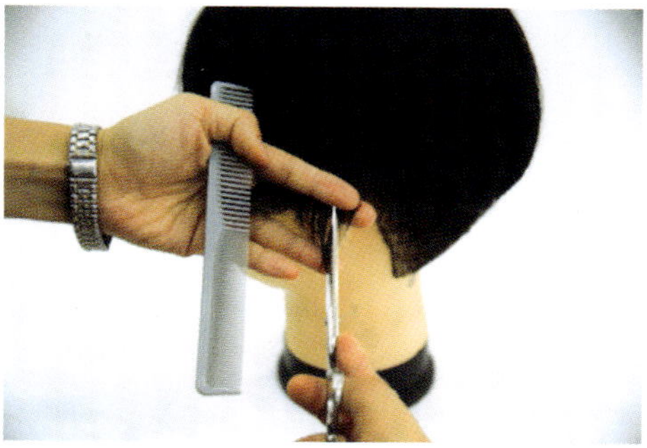

1. 모델의 모발을 이미지에 맞게 애프터 커트를 한 후, 톱피스를 부착하고 모델의 모발보다 약1~1.5cm 길게 포인트 커트, 슬라이싱 기법 등을 사용하여 디자인한다. 일반적으로 1~2개월 사이에 다시 커트를 하는 것을 감안하여, 가발기장을 고객 모발 성장에 맞춰 약간 길게 커트한다.)

2. 슬라이싱 기법으로 커트한다.

3. 앞머리(Front) 부분은 고객 눈썹을 기준으로 자연스러운 길이를 정하고, 90도 각도로 촙커트(chop cut)로 한다. 앞머리는 얼굴의 전체적인 이미지를 결정하는 중요한 부분이기 때문에 블런트 커트나 격차가 큰 포인트 커트보다는 내추럴하도록 작은 포인트를 가진 촙 커트를 하는 것이 좋다.

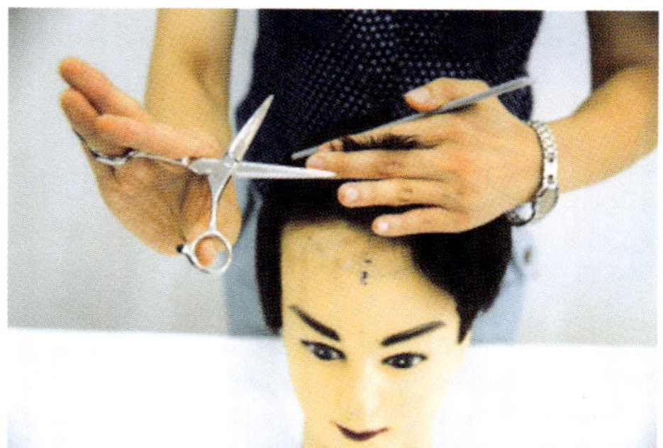

4. 커트된 슬라이스를 가이드로 하고 다음 슬라이스와 모아서 커트를 진행한다.

5. 모량이 뭉친 부분을 필요에 따라 다양한 기법을 사용하여 질감처리한다. 사진은 스트록 커트를 진행하는 모습이다.

6. 모량이 뭉친 곳을 안쪽에서 바깥쪽으로 골격보정을 위한 이너 틴닝과 볼륨감과 율동감을 위한 라인 틴닝을 한다. 위그 피스의 모발은 자라지 않기 때문에 너무 많은 모량 감소는 피해야 하므로 틴닝 가위 사용시에 너무 많은 모량을 커트하지 않는다.

그림 5-3 위그 커트 과정 : 포인트 커트

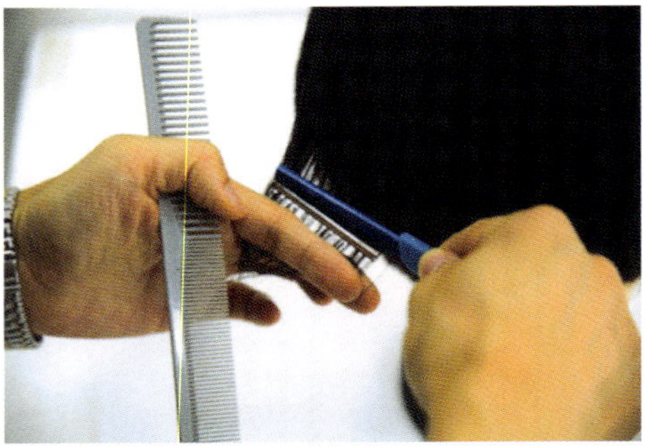

모발의 날림을 방지하기 위해 물을 충분히 적신 후, 레저 날을 사용하여 위에서 아래 방향으로 천천히 모발을 제거해 준다. 레저 커트는 필요에 따라 길이조절과 질감을 동시에 표현할 수 있으며 모발끝을 불규칙하게 하여 자연스러움을 표현할 수 있다.

그림 5-4 위그 커트 과정 : 레저(razor)의 사용

Section 2 위그 드라이와 세팅

1. 위그 드라이

두상의 조형학적 구조상 두정부의 볼륨은 사람의 인상형성에 있어 간과할 수 없는 부분이다. 두정부의 적당한 높이의 볼륨감은 균형미와 생동감을 줄 뿐만 아니라 모류의 방향성을 제시하는 데 도움을 주어 가발 착용 여부를 불

문하고 지나치지 않는 범위 내에서 어색하지 않고 자연스러운 핸드 드라이나 롤 드라이어를 사용하여 형태를 잡아 준 후 수용성 스타일링제나 에센스 등으로 영양과 윤기를 더하면 더욱 효과적인 스타일을 완성할 수 있다.

(1) 부분가발의 드라이

탈모 남성들의 경우 부분가발을 착용하는 경우가 대부분이기 때문에 가발과 본 모발과의 경계지점을 자연스럽게 연결해 주는 것이 드라이의 포인트라 할 수 있다. 특히 두정부의 볼륨을 적당히 살려 이미지를 띄워 주고 프런트 라인 역시 이마의 앞쪽에서 모발 안쪽으로 드라이 날을 세워 바람을 주어 모발이 이마에 너무 밀착되어 무거워 보이지 않도록 주의한다.

정형화된 롤 드라이만을 사용해야 한다는 부담감 대신에 두피쪽은 뿌리를 살리는 정도의 롤 드라이와 남은 열을 이용한 핸드 드라이로 모류의 흐름을 가볍고 자연스럽게 하여 고객 스스로 자가 관리에 부담을 느끼지 않도록 지도하여야 한다.

(2) 전두가발의 드라이

전두가발의 경우 두상 전체에 가발을 씌워야 하는 형태이므로 전체적인 틀을 바르게 잡고 프런트, 사이드, 네이프 등 전체적인 헤어 가장자리 부분이 들뜨지 않고 자연스럽게 연결되어 흐르듯 가볍게 드라이를 해주는 것이 무방하다. 특히 여성의 경우라면 직모보다는 웨이브와 볼륨을 더욱 선호하기 때문에 자칫 가발의 손상이 심해질 수 있는 드라이 대신에 세팅롤로 웨이브를 잡는 방법을 대체할 수도 있다.

스타일링 펌이 되어 있는 가발의 경우 인위적인 드라이나 세팅롤보다는 자연스런 핸드 드라이로 기존 웨이브를 살려 주는 것이 바람직하며 수용성 스타일링 제품으로 고정시켜 준다.

2. 위그 드라이의 실제

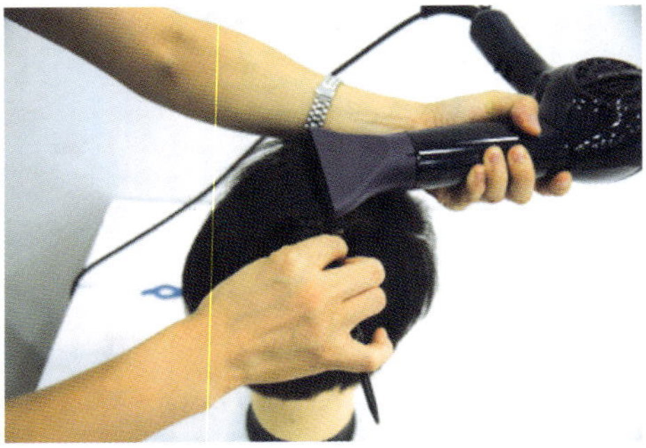

1. 쿠션 브러시 혹은 롤 브러시를 이용하여 앞머리(Front) 부분을 중심으로 이미지에 맞는 볼륨 드라이를 한다.

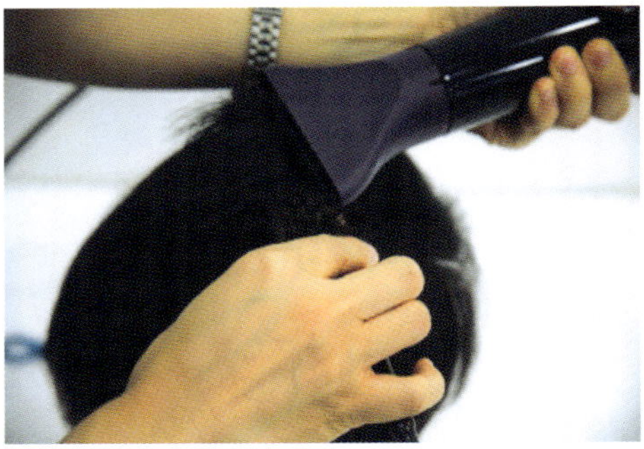

2. 앞머리(Front) 부분-톱(top) 부분-골든(Golden) 부분-네이프(nape) 부분 순으로 얼굴과 두상의 이미지에 맞는 볼륨 드라이를 연결하여 진행한다.

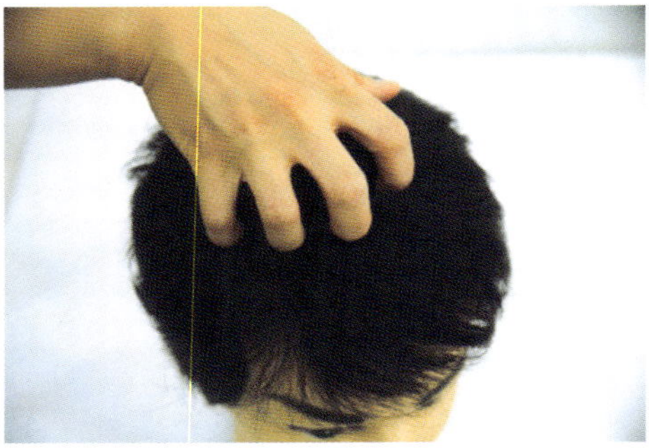

3. 볼륨 드라이가 끝나면 자연스러운 질감을 연출하기 위해서 손가락으로 형태를 잡아 준다.

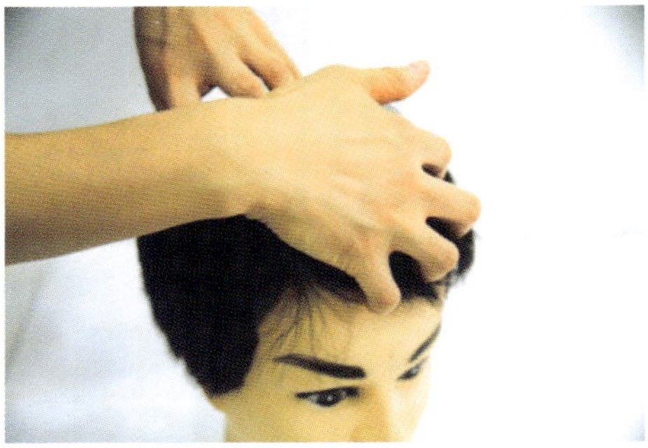

4. 모량이 뭉친 부분을 필요에 따라 다양한 기법을 사용하여 질감처리한다. 사진은 스트록 커트를 진행하는 모습이다.

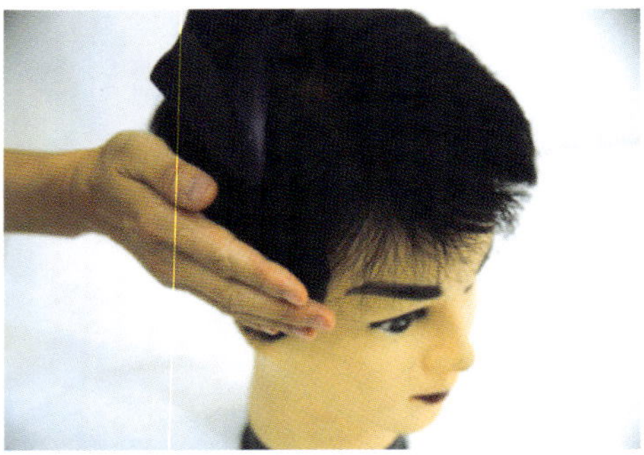

5. 사이드 부분도 연결하여 조화를 이루도록 손으로 어울리는 형태를 만든다.

그림 5-5 위그 드라이 과정

1. 잘못된 예 : 롤 브러시에 노즐 부분이 맞닿아 있어서 모발 다발의 끝부분이 꺾여 있다.

2. 올바른 예 : 롤 브러시와 노즐 부분이 대각선으로 띄어져 있어, 모발 다발의 끝이 롤의 모양과 바람의 방향에 따라 의도된 형태로 자연스럽게 연출할 수 있으며, 모발 열손상도 줄일 수 있다.

그림 5-6 위그 드라이 사용시의 주의점

3. 위그 세팅

1. 베이스(전방 45도)를 잡고, 예열된 세팅 롤로 서서히 뿌리부터 모발 끝까지 빗는다.

2. 예열된 세팅 롤이 식기 전에, 모발 끝에서 뿌리부분까지 온베이스 모양이 되도록 와인딩한다.

3. 예열된 세팅 롤을 모발 끝에서 밀착하여 꺾이지 않도록 주의하고 적당한 텐션을 주어 흐트러지지 않게, 깨끗이 뿌리 부분까지 와인딩한다.

4. 와인딩을 완성하고, 세팅 핀을 꽂는다.

5. 와인딩한 후, 세팅 핀을 베이스의 모발의 뿌리 부분에 고정한다. 이때 세팅핀 자국이 나지 않도록 안쪽으로 핀을 고정한다.

6. 와인딩과 세팅핀을 고정하여 완성된 모습

7. 전두부터 후두 부분까지 와인딩이 끝나고 사이드 부분의 와인딩을 한다.

8. 사이드 부분도 마찬가지로 정리된 베이스를 열기가 식기 전에 적당한 텐션을 주어 와인딩한다.

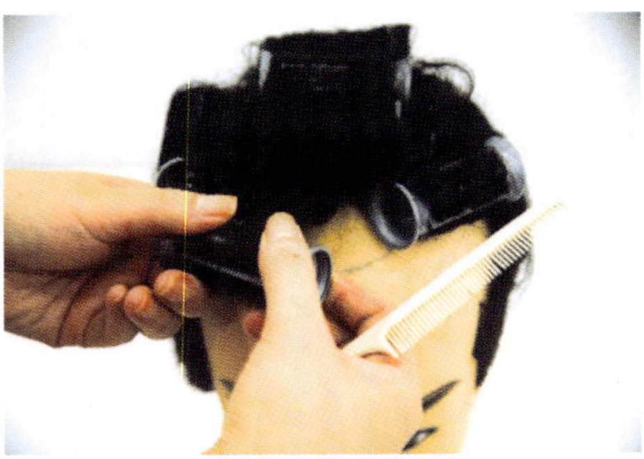

9. 앞머리(Front) 부분도 모델의 취향과 이미지에 맞는 모양을 위하여 와인딩을 한다. 섹션 자국이 남지 않게 하기 위해서는 수평 와인딩, 수직 와인딩, 사선와인딩을 차례로 진행하여 부자연스러움을 방지한다.

그림 5-7 위그 세팅 과정

그림 5-8 위그 세팅의 톱 부분과 정면

Section 3 위그 형태에 따른 부착방법

1. 부분가발의 부착방법

위그 착용 시, 사람들의 가장 큰 걱정거리는 아마도 예기치 않게 가발이 탈착되는 경우일 것이다. 가발 제조업체들은 가발이 잘 벗겨지지 않고 본인 두발처럼 자연스러우면서 편안하게 착용할 수 있는 방법들을 고안하기 위하여 많은 노력을 기울이고 있지만 그 방법들은 각각 장점과 단점이 있다.

탈모 고객의 대부분은 미용적인 측면보다는 가발 착용표시가 나지 않는 제품을 선호하며 젊은 층 고객에 있어서는 활동량에 방해를 받지 않고 장시간 착용할 수 있는 부착형 가발을 선호하나 나이가 들수록 탈부착이 가능한 클립형을 선호하고 있다.

가발을 두상에 안착시키는 방법으로는 클립식이나 테이프식 등의 착탈식과 결속식 · 특수접착식 · 증모 등의 고정식이 보편화되어 있으며, 각각의 방식에 따른 장 · 단점을 숙지하여 고객에게 충분히 설명을 했을 때만이 고객이 가발 착용 후에도 일상에서의 불편함을 이해하고 만족감도 높일 수 있다.

1. 나노스킨을 가발의 앞이마 부분에 대고 알맞게 측정한다.

2. 나노스킨을 이마 모양을 따라 굴리듯하여, ½ 로 크기로 자른다.

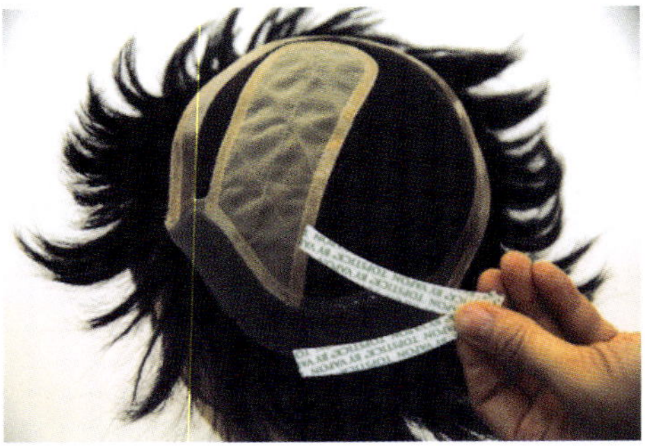

3, 4. 반으로 자른 나노스킨을 앞이마 모양대로 좌우측에 부착한다.

5. 레드테이프을 패치에 부착한다.

6. 레드테이프는 패치 전체에 둥글게 돌아 가면서 부착한다

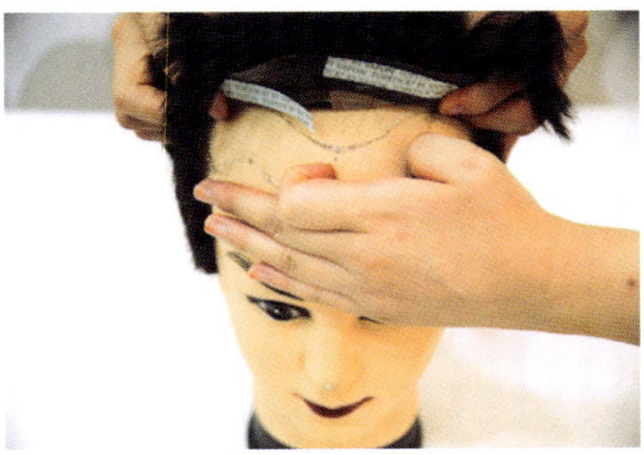

7. 두상에 부착 전에, 고객의 앞이마 선을 정확히 결정한다.

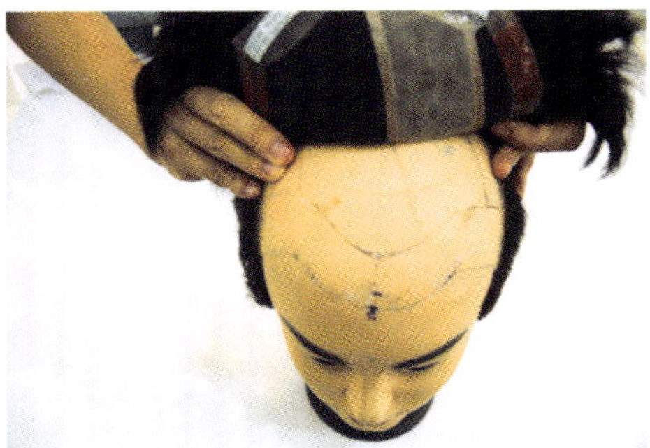

8. 가발을 반으로 접어서 앞이마 라인의 위치를 조정한다.

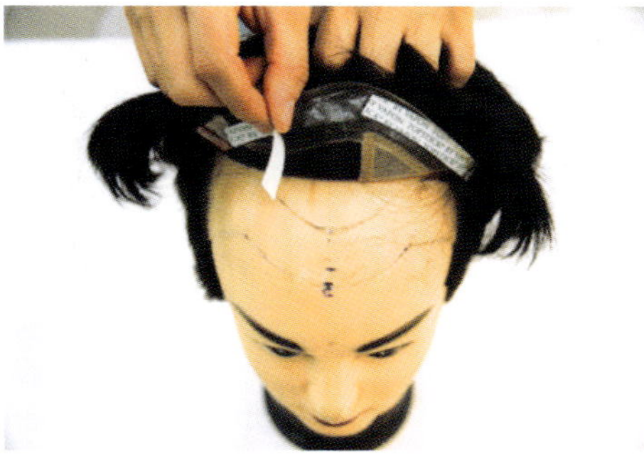

9. 나노스킨은 먼저 떼어내고 부착한다.

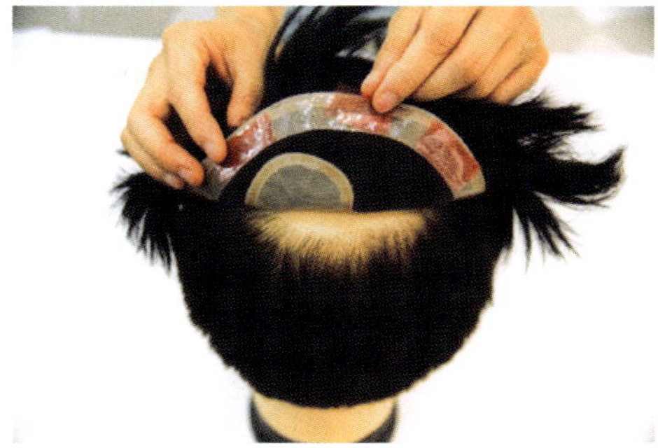

10. 레드테이프는 떼어내고 부착한다.

이때 테이프 대신 의료용 본드로 부착할 수도 있다.

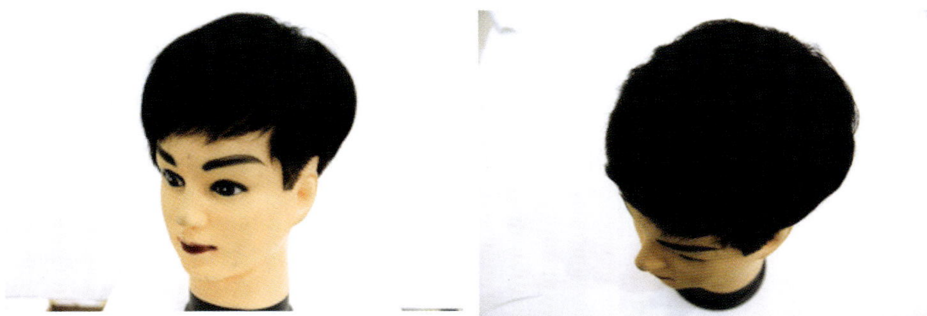

완성된 모습

그림 5-9 고정식(특수접착식) 부분가발 부착방법

2. 전두가발의 부착방법

흔히 전두가발의 경우는 프런트 라인만 테이프으로 밀착하여 고정하고 좌 · 우 S.C.P 와 네이프의 양끝 N.S.P는 와이어나 밴드로 그 외 부분 역시 사이즈 조절 밴드를 사용하여 두상의 굴곡을 최대한 고려하여야 한다.

남성용 맞춤 가발의 경우 탈모 부위가 넓어 전두가발을 착용하는 경우가 대부분이므로 전체 민머리 상태에서 C.P를 중심으로 양쪽 S.P와 N.P 등 두상의 주요 포인트 지점 중심을 씌워 밀착하듯 눌러 주어야 하며, 여성용 패션 가발의 경우는 모발을 올백으로 정리하여 B.N.M.P 지점에 핀으로 고정한 후 2차 정리를 위하여 망을 씌워 가발을 안정감 있게 착용할 수 있도록 한 후에 마지막으로 가발을 부착하여야 한다.

3. 그 밖의 부착방법

가발의 부착 방법에는 여러 가지 방식이 사용되고 있으나, 두피 건강이나 탈 · 부착의 효율성, 경제적 실용도 등에서 가장 적합하다고 판단되는 방식들을 사용하고 있다. 다양한 부착방법들이 모두 활용도가 높은 것은 아니지만 각각의 장 · 단점들을 고려하여 고객과 가장 적합한 부착방법을 선정하는 것이 바람직하겠다.

(1) 본드 접착식

의료용 본드를 접착제로 이용하여 두피에 고정시키는 방식으로 패턴의 테두리 부분 패치 재질이 반드시 인조두피일 경우 시술이 가능하다.

(2) 반딩 공법

특수실리콘 이용하여 본 모발과 접착하는 방법으로 가발 착용기간이 본드 접착식과 같이 1개월 정도로 길며, 고정력이 강하여 모든 일상생활이 가능한 장점을 가지고 있다. 반면에 두피가 약하거나 관리가 소홀했을 경우 두피가 짓무르는 부작용을 초래할 수 있기 때문에 항상 두피를 청결히 유지하고 정기적인 가발관리가 필수적이다.

(3) 똑딱단추 방식

클립과 같이 단추 등을 가발의 그물망에 꿰매어 본 모발에 직접 집어 사용하는 방법으로 본 모발이 자람에 따라 똑딱단추의 위치를 바꿔줘야 하는 번거로움은 있으나 가발을 손쉽게 탈착할 수 있어 두피 청결을 유지할 수 있을 뿐 아니라 고정력이 있어 안정적이다.

(4) 뜨개질법

본 모발을 가발 그물망 사이사이로 빼내어 그물망을 뜨개질 하듯 묶어 고정시키는 방식으로 튼튼하게 고정시킬 수 있으나 모발이 자람에 따라 그물망을 다시 두피에 밀착시켜 주는 정정작업이 필요하며, 강하게 고정된 부분은 모발의 견인성 탈모를 야기시킬 수 있기 때문에 균등한 힘의 배분이 필수적이다.

(5) 터널법

두피 조직에 직접 터널을 만들어 가발을 부착하여 플라스틱이나 나일론 갈고리를 가발에 부착함으로써 터널에 고정시키는 방식으로 터널 제거 후에도 두피에 반흔이 남는 단점은 있으나, 센터를 방문하지 않고 쉽게 탈착할 수 있다.

(6) 봉합법

수술용 봉합사를 사용하여 가발을 직접 두피 조직에 꿰매어 사용하는 방법으로 뉴저지 주의 몇몇 회사에서만 이러한 기법의 가발생산이 가능할 뿐이고 대부분 불법으로 정해져 있다.

Section 4 피팅(fitting)

고정식 맞춤 가발의 경우 자가 착용보다는 센터를 방문하여 착용하는 것이 보편적이나 테이프식이나 클립식의 부분가발의 경우 자가 착용과 관리가 가능하기 때문에 올바른 착용방법을 숙지할 수 있도록 지도하는 것이 바람직하다. 가발을 착용할 경우 프런트 라인의 C.P를 기점으로 가발이 두상에 균형감 있게 정확히 자리 잡아져야 사이드의 균형을 흐트러뜨리지 않는다.

우선 테이프를 제거해 주기 위해서는 사이드의 균형을 정확히 맞춘 후 프런트 라인의 한쪽면부터 테이프를 제거해 나가며 두정부를 기점으로 방사형으로 펼쳐 가발을 밀착시킨 후 패치 부분이 클립식인지 테이프식인지에 따라 클립이나 테이프를 고정하여 이마 라인에 부착하여 고객이 원하는 스타일링에 들어간다.

Check point

테이프 부착방법

프런트의 경우는 너무 강하지 않은 양의 테이프를 사용하고 패치 라인은 안정감 있게 충분한 강도를 형성할 만큼의 테이프 양을 설정하여 적당한 크기로 잘라서 사용하는 것이 좋다. 이때 전 테이프의 끝부분과 다음 자른 테이프의 자른 시작부분이 약간 오버랩되도록 연결하면 더욱 효율적인 제거가 가능하다. 대부분 프런트 부분은 나노스킨, 패치 부분은 레드 테이프를 사용한다.

클립 부착방법

클립의 발이 가발의 안쪽으로 향하게 위치를 잡아 패치를 살짝 접어 실로 엮어 준다. 클립 위치 선정 후 매듭이 패치와 클립 사이에 들어가도록 우측 상단부터 꿰매어 우측 하단까지 내려오고 바늘을 클립과 패치 사이로 넣어 손쉽게 좌측으로 이동이 가능할 뿐만 아니라 클립과 패치 사이의 공간을 최대한 줄여서 부착한 실이 보이는 것을 최소화할 수 있다.
부착 위치는 스킨 부분을 제외한 패치 부분 중 어느 정도의 밀착감으로 착용할 것인가에 따라 클립 개수를 선정할 수 있으며, 이 경우 일정기간 후 클립의 떨어짐을 예방하기 위하여 낚싯줄이나 무명실을 이용하여 부착하기도 한다. 일정기간 사용 후 클립은 피지, 땀, 세척 등을 통해 코팅이 벗겨지므로 이때는 클립을 교체한 후에 사용한다.

Chapter 6
사후 관리

Chapter 6
사후관리

Section 1 홈케어 및 수선

1. 위그의 세척

(1) 위그 세척의 개념

아무리 잘 만들어진 위그도 관리를 잘하지 못하면 그 수명이 오래 가지 못한다. 따라서 위그를 사용하고 세척하는 법과 관리하는 방법을 잘 인지할 필요가 있다. 고정식 가발의 경우 전문센터를 방문하여 주기적으로 가발과 두피 케어를 받는 것이 가장 바람직한 방법이라 할 수 있으며, 탈착식 부분 가발의 경우 가정에서의 올바른 홈케어가 가발의 수명과 두피의 건강을 좌우하기도 한다.

특히 탈착식 중 테이프 부착 가발의 경우 테이프를 효율적으로 제거하는 것이 중요한데 테이프가 녹아 붙어 있을 경우 장갑을 끼고 알코올이나 리무버를 바르고 밀면서 제거하거나 탈착 후 퍼프용 리무버를 발라 3~5분 정도 경과한 후 테이프를 제거할 수 있다. 올바르지 못한 방식을 지속적으로 사용하였을 경우에는 테이프 제거 압력에 의해 모발이 빠지거나 A/S기간을 단축시켜 고객의 심리를 더욱 불안하게 하는 요인이 될 수도 있다.

샴푸 볼에 1/3 정도의 물을 받아 샴푸를 1~2회 정도 펌핑하여 거품을 충분히 내준 후 모발이 아래쪽을 향하게 가발을 뒤집어 담가 놓았다가 안쪽 망을 중심으로 돌려 가며 유분과 이물질을 깨끗하게 제거해 준다.

유분이 과도하게 흡착되었거나 스타일링제를 많이 사용한 가발의 경우 2~5분 정도 충분히 담가 두는 것이 좋으며 가발모의 엉킨 방지를 위해 거품이 충분히 있는 상태에서 쿠션 브러시를 이용해 모발 끝부터 망 쪽으로 빗어 올라가 엉킴을 방지해 준다.

린스는 스킨이나 패치 부분에 묻을 경우 테이프가 빨리 떨어질 수 있기 때문에 가능한 담가 놓는 것은 자제하고 모발에만 도포하여 헹궈 내거나 패치 부분을 잡고 헹궈 내는 것이 좋다. 가발의 건조 시에 가발 전용 탈수기를 사용하는 경우도 있지만, 마른 타월 위에 가발을 올려두고 타월 드라이를 하는 것이 보편적이라 할 수 있으며, 어느 정도의 건조가 이루어지면 가발 스탠드에 수건을 먼저 깔고 가발을 올려놓은 후 다시 타월 드라이와 자연 건조를 시켜 주는 것이 좋다.

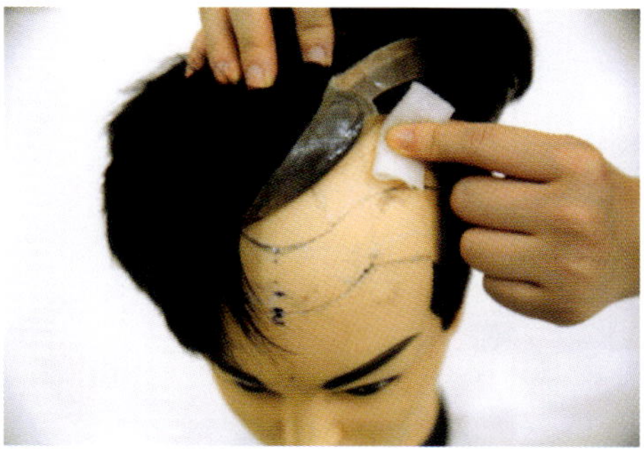

1. 접착식 가발에서 끈적임이 심한 경우에는 퍼프 클리너를 이용하여 약액을 도포한 후 3~5분 방치 후 제거한 후에 샴푸한다.
사용한 가발은 가발 패치에 붙어 있는 나노 테이프(nano tape) 및 레드 테이프(red tape)를 제거해 준다

2. 망에 있는 피지와 땀을 제거하기 위해 가발의 후두부를 잡고 먼저 흐르는 물로 충분히 세척한다.

3. 가발용 샴푸를 적당량 덜어 손바닥에서 거품을 충분히 낸다.

4. 충분한 거품을 이용해 망부터 세척한다.

5. 망 세척 후, 가발의 모발부분을 샴푸한다.
이때 손가락을 이용한 빗질이나 가발 전용 브러시를 사용하며 자극을 최소화한다

6. 흐르는 물에 충분히 세척한다.

7. 가발용 린스를 톱 부분부터 도포하면 망 사이로 린스가 들어가 잘 빠지지 않으므로 아래쪽에 도포한다.

8. 흐르는 물에 린스를 헹군다.

9. 손으로 가발의 모발 결을 따라 조물조물 물기를 제거한 후, 타월 드라이를 한다.

그림 6-1 위그의 세척

Check point

1. 위그 세척 시 주의사항

먼저 빗으로 가볍게 머리결 따라 빗어 준 다음 인조가발일 때는 차가운 물, 인모 가발일 때는 아주 미지근한 물에 샴푸를 적당량 풀어 가발을 담그고 손으로 가볍게 눌러서 충분히 세척한다. 그리고 깨끗한 물에 2~3번 헹궈 낸 후 린스를 적당량 가발에 골고루 스며들도록 5분 정도 도포 후 흐르는 물에 헹구면 된다. 가발 세척 시에 가발을 비비게 되면 컬이 망가지고 엉키는 경우가 있으므로 주의한다.

물기가 빠진 가발을 물 흡수가 잘 되는 타월에 감싸듯 올려놓고 물기를 완전히 제거한다. 역시, 가볍게 눌러서 물기를 제거하고 비비지 않는다. 전체 통가발일 경우 물기가 제거된 후에는 손을 망에 넣고 잘 흔들어 준 다음 바람이 잘 통하는 그늘에 널어서 완전히 말려 준다. 헤어 드라이나 온풍기, 열풍기 등을 사용한 건조는 가급적 피하는 것이 좋다. 완전 건조 후에는 원래 스타일대로 잘 빗어서 보관한다.

특히, 인조모의 일반사는 경우 온수로 세척, 드라이기 사용을 하면 안 되며 고열사인 경우는 미지근한 물 세척이나 세팅/드라이가 가능하다. 컬이 비교적 강한 부분은 빗질을 하지 않고 아래 부분부터 살살 빗질하여 윗쪽으로 올라가야 한다.

2. 헤어피스의 관리

헤어피스는 빗질을 자주하여 모발의 노폐물을 제거하고 탄력성을 준다. 바닷가의 해풍이나 바닷물에 노출되면 머리카락이 뻣뻣해지므로 귀가하여 바로 세척해야 모발이 끊어짐을 방지할 수 있다. 세척 후 건조는 햇빛보다는 타월과 자연풍으로 해야 좋다. 드라이기 사용 시 고열은 머리카락을 상하게 하므로 저온으로 거리를 두고 사용하는 것이 좋다.

착탈식이나 오랫동안 사용하지 않을 경우에는 '가발용 스탠드'를 구입해서 그 위에 올려 놓으면 모양이 오랫동안 유지된다. 보관 시에 스프레이나 무스의 사용은 금하며 헤어피스 위에 헤어네트를 씌우고 통풍이 잘되고 그늘진 곳에 보관한다.

(2) 위그에 따른 세척방법

① 사용 중인 인모 위그의 샴푸방법

사용하던 위그를 먼저 빗으로 가볍게 머리 결을 따라 빗어준 다음, 물에 샴푸를 적당량 풀어 위그를 담그고 손으로 가볍게 눌러서 충분히 세척한다. 다시 샴푸를 손바닥에 적당히 덜어 충분히 거품을 낸 다음, 가발 망을 먼저 샴푸한 후 뒤로 돌려 모발을 샴푸한다.

만일 오래되어 찌든 위그인 경우라면 같은 방법으로 2회 반복하여 샴푸한다. 샴푸 적용 후에는 흐르는 물에 충분히 헹궈 낸다. 린스를 할 때는 모발 끝부터 골고루 발라 준 다음 톱이나 크라운 쪽으로 발라 준다. 이때 린스를 가발의 톱이나 크라운부터 바르면 망 사이로 린스가 스며들기 때문에, 뿌옇게 될 수 있다. 또한 패치 부분에 지나치게 린스가 도포되지 않도록 모발에 집중해서 린스한 후, 흐르는 물에 충분히 린스를 헹군다.

손으로 물기를 제거한 다음 타월 드라이를 하는데, 타월 드라이할 때는 비비거나 누르지 말고 지그시 물기를 제거한다. 타월 드라이한 후, 전기 드라이를 사용할 때 나노스킨 가발은 고열 드라이 사용을 자제한다. 자연건조가 가장 좋은 방법이나 시간이 없을 때는 미지근한 바람을 사용한다.

② 새로운 인모 가발 샴푸방법

바로 주문 제작된 위그가 공장에서 도착하면 피팅 전 가볍게 샴푸한다. 이는 모발이 수작업의 너팅으로 제작되어 모든 모발의 텐션(tension)이 균등하지 않으므로 고객 스타일에 맞는 스타일을 내기 위해 샴푸 후 가발 모류를 만져 줌으로써 스타일을 내기 위한 준비 작업이다.

이때 프런트는 대부분 나노스킨의 얇은 패치이므로 위그의 후두부를 잡고 가볍게 모발 부분에만 적은 양의 샴푸를 사용하여 충분히 거품을 낸 후 샴푸하며 브러시를 사용하지 않고 손가락 빗으로 가볍게 모발을 쓸어내리듯 샴푸한다. 둥글게 비비거나 양손으로 문지르지 말고 모발 결의 방향으로 손가락 빗질을 한다.

샴푸 후 흐르는 물에 충분히 헹군 후, 린스를 모발 끝에만 가볍게 해준다. 물기를 제거한 후, 타월 드라이로 비비지 말고 누르듯 제거한 다음, 약한 바람에 드라이한다. 단순 드라이가 아니라 고객 스타일에 맞게 머릿 결에 스타일을 브러시로 잡아나가는데, 두드리듯이 빗질을 하며 좌우측과 후두부 및 프런트 모류는 모두 톱 방향으로 충분히 빗질한 다음에 다시 고객 스타일에 맞는 좌 파트나 우 파트로 브러싱을 한다.

이 때 두들기면서 아래에서 위로 치듯 올리면서 브러싱한다. 가발 길들이는 시간으로 너팅한 모근이 충분히 자리 잡을 수 있도록 한다.

③ 고열사 인조모 샴푸방법

고열사는 180~220도까지 가능하므로 미지근한 물에 샴푸가 가능하며 세팅 및 드라이가 가능하다. 미지근한 물에 샴푸를 충분히 거품을 내서 사용하던 가발일 경우 망 안쪽을 먼저 세척하고 다시 샴푸를 덜어 거품을 충분히 낸 다음에 모발을 샴푸한다. 이때 문지르거나 양손으로 둥글게 비비지 말고 모발의 결대로 조물조물 손가락 브러싱한 다음, 모발 아래쪽부터 살살 빗질하여 윗쪽으로 올라간다. 꼬리 빗이나 커트 빗 사용은 금하며, 도끼 빗이나 가발 전용 브러시를 사용한다.

④ 일반사 인조모 샴푸방법

일반사 인조모의 경우 샴푸 방법은 고열사와 동일하나 온수로 세척하거나 드라이기 사용을 하면 안 된다. 일반사는 정전기나 탈모가 일어날 수 있기 때문에 브러싱에 각별한 주의가 필요하다. 그래서 자연 건조가 가장 좋으나, 시간이 급할 때는 찬바람으로 드라이하되 모발 결을 유지하도록 주의하면서 드라이한다. 특히 모발이 긴 패션 위그일 경우 편편한 책상 위에 펴거나 작업용 마네킹 위에 씌운 후, 좌측부터 후두부, 우측 측두부 순으로 4~5cm 간격으로 섹션을 나누어 모발 끝에서부터 살살 빗질하여 올라간 다음에 그 다음 섹션으로 옮기면서 빗질한다.

표 6-1 위그의 종류에 따른 세척법

종류 / 순서	고정식	착탈식	비고
1	머리에 착용한 채로 세척해야 한다. 샤워기의 따뜻한 물로 전체적으로 적신다.	세면기에 따뜻한 물로 반 정도 채운다.	
2	적당량의 샴푸를 손으로 비벼 거품을 내고 모발 전체에 고루 두포한다. 가볍게 자신의 머리도 감는 느낌으로 감는다.	샴푸를 적당량 세면기에 풀어 놓고 저어서 거품을 낸다.	가발을 샴푸로 감거나, 물기를 제거할 때, 심하게 비비게 되면 손상되므로 주의해야 한다.
3	샤워기 물로 충분히 샤워를 하고 가볍게 린스를 한다.	가발을 넣고 가볍게 두드리거나 흔들고 또는 주물러 오물을 제거한다. 몇 차례를 반복한다.	
4	마지막 헹굴 때는 이마 부분을 약간 들어 올려서 강한 물줄기로 두피면을 깨끗이 씻어 낸다(샴푸 등 잔여물은 피부에 좋지 않은 영향을 끼친다).	깨끗한 물로 샴푸 잔여물을 헹구어 내고 다시 세면대에 따뜻한 물을 채워 린스를 적당히 풀어 넣고 가발을 담궜다 씻어낸다.	
5	마른수건으로 머리전체를 덮고 누르듯 물기를 제거한다(,타월로 털거나 비비면 모발의 손상과 빗질이 어려워진다).	물기는 손으로 누르거나 살짝 흔들어 제거한다.	
6	약한 바람의 드라이로 살짝 건조시키고 약간의 물기가 있을 때 빗으로 스타일을 낸다.	마른 수건으로 감싸고 눌러서 나머지 물기를 제거한다(비비는 것은 절대 금함)	끝이 둥근 빗으로 가볍게 빗질을 한다.
7	두발제품, 젤, 무스 등으로 자신의 개성을 표현한다.	클립이나 테이프를 이용해 머리에 부착시킨 후 자신에게 맞는 헤어제품으로 모양을 연출한다.	

2. 위그의 보관

탈착식 가발의 경우 가능한 가정에 돌아와서는 가발을 탈착하여 보관하는 것이 두피 건강상에도 도움이 되며 효율적으로 가발을 관리할 수 있는 방법이기도 하다. 탈착 후 가발은 항상 빗질을 가지런히 하고 스킨과 패치를 중심으로 한 이물질을 제거한 후 통풍이 잘 되고 습하지 않게 가발거치대에 걸어두어서 언제라도 사용하기에 불편함이 없도록 하는 것이 중요하다.

또한 오랜기간 사용하지 않는 가발은 깨끗한 세척과 충분한 건조가 이루어진 후 가발 스탠드에 올려 상자에 넣어 두거나 망을 씌워 가발이 흐트러지지 않도록 한 후, 상자에 넣어 보관하는 것이 먼지나 직사광선으로 인한 가발 탈색을 막을 수 있는 최선의 방법이기도 하다.

Check point

위그 관리방법

① 평상시에는 먼저 빗질을 하여 먼지를 털어 내고, 투페이스 또는 전용의 위그 오일 스프레이를 전체적으로 뿌리면 정전기를 방지함과 동시에 윤기를 더해 준다. 마지막 손질은 다시 한 번 빗질을 하고 취침 전이나 가발을 벗었을 때 손질을 하면 된다.

② 착용한 채로 취침하면 가발이 눌려서 헤어스타일이 변형될 우려가 있으므로 반드시 가발을 벗어 가발걸이에 걸어놓는다. 또한 가끔 전용 스프레이로 손질을 하지 않고 오래 사용을 한다든지 공기가 건조한 경우 히터 등 열풍기가 나오는 곳에 장시간 방치를 하여 두면 정전기가 발생이 되어 수축의 원인이 되므로 가끔씩 위그 오일 스프레이로 손질이나 빗질을 한다.

③ 바람이 부는 날에 생머리는 바람에 날리기 쉬우므로 스프레이를 살짝 뿌려 주며 퍼머 머리는 빗질을 피하고 웨이브가 잘 나오는 스프레이를 살짝 뿌려 주도록 한다. 에어컨을 켠 실내에서는 머리가 건조해지기 쉬우므로 유분의 밸런스를 지키는 게 중요하므로 건조를 막기 위해 영양을 준다. 비오는 날에는 습도가 높아진 모발에 스타일링제가 더해지면 무게를 감당 못해 처지기 쉬우므로 스타일링 제를 바르지 않거나 조금만 바르는 것이 좋다.

3. 위그의 수선

위그의 수선에 있어 간단한 홈 케어만으로 해결할 수 있는 부분은 그리 많지 않다. 전두가발과 부분가발의 스타일링적인 부분이나 증모 및 패치 부분이 찢어진 경우 등은 전문 센터를 방문하여 관리를 받아야 하는 부분이라 할 수 있으며, 탈착식의 테이프나 클립의 경우 간단한 홈 케어를 실시할 수 있는 부분은 직접 관리하기 때문에 가발착용이 생활화될 수 있도록 노력하는 것이 중요하다. 테이프식의 경우 땀을 많이 흘리거나 환경적인 요인에 의해 테이프의 접착력이 약화되었을 경우 센터를 방문하지 않고 직접 테이프의 교체가 가능하다.

(1) 테이프 부착식의 경우

가발을 탈착한 후 테이프 부위에 알코올이나 리무버를 이용하여 끈적임을 최소화하면서 기존 테이프를 제거한 후 남았을지도 모르는 유분과 이물질을 깨끗하게 제거해 주는 것이 중요하다. 테이프의 재부착 위치를 정한 다음에 길이와 굵기의 테이프를 미리 잘라 둔 후 양끝이 교차하는 방식으로 빈틈없이 두상의 골격과 패치의 형태에 따라 테이프을 부착하여야 한다.

(2) 클립식의 경우

클립의 매듭이 풀어지거나 끊어졌을 가능성에 대비하여 올바른 매듭법을 사용하여 가능한 클립과 패치 부분의 연결이 자연스럽게 들뜨지 않아야 착용감 또한 좋다고 할 수 있다. 클립을 견고하게 묶어 주기 위해 실의 소재를 달리하기도 하지만, 보통은 다음과 같이 매듭법을 달리하여 단단하게 묶어 주는 방법을 사용하여 고객 스스로가 자가 수선이 가능한 방법을 사용할 수 있다.

① **매듭 1** : 바늘을 클립 구멍 사이에 끼워 바늘귀를 빼지 않은 상태에서 실로 바늘 끝을 3~4회 정도 감아 바늘귀를 빼서 고정시킨다.

② **매듭 2** : 바늘귀를 한 번 끼워 뺀 후, 그 실의 바깥쪽에서 안으로 바늘귀를 한 번 빼내어 매듭을 지으면서 다시 한 번 더 그 매듭 사이로 바늘귀까지 통과시켜 마무리한다.

③ **매듭 3** : 반 더블 묶음 방식으로 바늘귀를 한 번 꿰어 빼낸 후, 좌 · 우 양쪽 바깥에서 안으로 각각 한 번씩 걸어 바늘귀를 통과시켜 마무리한다.

Section 2 고객 관리

모든 서비스업이 그렇겠지만, 특히 가발 산업의 경우는 고객을 위한 사후관리가 매우 중요하다. 고객이 숍을 재방문했을 때 편안한 느낌이 있어야 하고 제품을 착용하면서 불편하여 벗어 버리고 싶은 마음이 없도록 해주는 것이 중요하다. 그것이 고객이 다른 숍으로의 이동하지 않고 지속적으로 방문할 수 있는 충성 고객으로 만드는 첫 걸음이다.

다른 서비스업에서 충성 고객은 타인에게 추천하는 입소문에 한 몫을 톡톡히 해낸다. 그러나 탈모 보완을 위한 맞춤 가발은 그 특성상 고객들은 자신이 가발을 착용한다는 것을 남들에게 알리고 싶어하지 않는다. 때문에 다른 업종과는 다르게 가발 숍에서 충성 고객에 의한 입소문, 즉 구전 마케팅은 그만큼 몇 배는 더 힘들다. 그러나 우리는 이러한 충성 고객은 그 자신뿐만 아니라, 결국 그 숍의 마케팅 전략이 되기도 한다.

Check point

고객 관리를 위해 현장 가발전문가의 조언

가발을 착용하는 사람들의 심리적 특성을 충분히 공감하고 이해해야 한다. 가발을 착용하면서 물리적으로 또는 심리적으로 불편한 것이 무엇인지, 고객이 특히 조심스러워 하는 것은 무엇인지를 시술자가 미리 알고 있어야 한다. 가발의 장단점은 착용해 본 사람 만이 가장 잘 알고 있다. 고객이 불편해하는 것을 알고 있다는 것만으로도 고객은 큰 힘을 얻는다. 그렇지 않으면 고객과의 대화는 단절된다.

① 요즘은 많은 것들이 온라인을 통해서 전달된다.

기념일 등의 특별한 날에는 단순한 문자나 틀에 박힌 메일이 아닌 카드 한 장이라도 정성을 다해 직접 써서 보내는 것과 같은 시도를 하는 것이 좋다. 짧은 내용이라도 정성이 전달될 수 있는 내용의 직접 적은 편지는 사람을 감동시킨다. 일 년에 단 한번이라도 직접 적어 보내는 글로 고객을 기억하고 알아주는 것이 좋다. 또한 카드 속에 고객이 필요한 가발 관리를 위한 상품권 같은 것을 함께 첨부해도 좋겠다. 그것이 단순히 고객의 기억이 아닌 가슴에 기억되도록 하는 방법이다.

② 고객의 작은 것 하나까지 모두 메모하는 습관을 들이는 것이 좋다.

아무리 전문가라도 고객의 수가 많아지면 모든 사항을 기억할 수는 없다. 그러나 아무리 사소한 것들도 메모하고 고객이 방문 시에 기억해 주는 습관을 들인다. 예를 들어 오늘 방문한 고객에 특별히 다른 때보다 스타일에 신경 쓰는 이유가 가족의 결혼식 참석 때문이라면 그것 또한 메모해 두었다가 다음 방문 시에 자신을 알아주는 것에 대한 고마움을 느낄 수 있도록 대화의 소재로 활용한다. 예약된 고객을 맞이하기 전 고객에 대한 메모들을 한 번만이라도 읽어 보고 고객을 맞이하면 고객과의 원활한 대화를 유도할 수 있다.

③ 고객의 말 한마디에 귀를 기울여라.

가발을 착용해 보지 않은 사람은 가발을 착용한다는 것이 어떤 것인지 제대로 인식하지 못하는 경우가 많다. 고객의 말에 귀 기울이다 보면 어떤 점을 어떻게 개선해야 할지 답이 보인다. 때로는 고객의 말 한마디에서 새로운 제품을 탄생시킬 수 있는 아이디어가 나오는 법이다.

④ 언제나 최선을 다하고 노력하고 있다는 모습을 보여 줘라.

고객의 작은 불편을 해결하고자 하는 노력을 보인다면 고객은 나를 더욱 신뢰하게 될 것이다. 예를 들어 착용법이나 가발의 소재 등 어떤 점에서라도 고객이 불편해하고 개선되었으면 하는 것들을 발전시키려고 하는 열정을 보여라. 그러면 고객의 마음을 움직일 수 있고 고객의 마음을 움직인다면 그 고객은 충성 고객이 된다.

Section 3 고객 사례

가발을 착용 후 처음부터 만족하는 고객이 있는가 하면 처음엔 조금 불편했으나 차츰차츰 편한 방법으로 맞추어 가는 고객들도 있다. 처음 숍을 방문한 경우 생각지 못했던 불편을 느끼기도 하고 아니면 기존에 착용하던 방식과 달라 어색하거나 불편하게 느껴지기도 한다. 다음은 많이 발생하는 고객 불만을 어떻게 대처하는지에 대한 사례들을 살펴보았다.

1. 스타일에 대한 불만족 사례

헤어스타일에 대한 고객 불만족 사례 중 가장 보편적이며 많은 사례이다. 전문가의 시술 후 만족하였으나 홈케어 시에 원하는 스타일링이 나오지 않는 경우가 그것인데 남성의 경우, 특히 탈모가 오랫동안 있었던 경우에는 그동안 머리 손질을 해보지 않았기 때문에 아무리 손 쉬운 스타일이라도 대부분 어려워한다. 그러므로 탈모증이 오래된 고객일수록 처음 가발을 착용하면 갑자기 많아진 모발의 양을 부담스럽게 느끼기 마련이다.

이런 경우 처음 착용한 후 2~3일 이내에 숍을 방문하도록 유도한다. 처음 착용한 날은 헤어디자이너가 스타일을 잡아주기에 어떤 점이 어떻게 불편하고 잘 안 되는지 알 수 없지만 2~3일 지내면서 스스로 샴푸도 해보고 스타일도 만들다 보면 어떤 면이 어떻게 안 되는지 구체적으로 설명이 가능하다. 그때 방문하면 고객 스스로 어려운 것부터 꼼꼼히 다시 설명해 주고 잘못된 점이 있다면 바로 잡아 설명해 준다.

헤어스타일 시술 시 불만족으로 이어질 수 있는 실수는 고객이 처음부터 짧은 머리를 원하는 경우에서 자주 발생한다. 탈모가 오래된 남성의 경우 처음에 가발을 착용하면 이마를 닿는 모발이 무척이나 길게 느껴지기 때문에 처음부터 아주 짧은 스타일을 원하기도 한다.

그러나 처음부터 짧은 머리는 위험하다. 특히 앞머리의 경우 지나치게 짧게 커트해 버리면 두 번 다시 손볼 수 없기 때문에 주의해야 한다.

처음부터 짧은 머리를 한 경우 다수의 고객이 후회를 한다. 대부분의 경우 익숙지 않다는 점에서 나오는 생각이므로 고객을 충분히 이해시키고 처음엔 조금 긴 듯하게 커트해 준다. 최소한의 적응기간인 1~2주 후에도 모발이 길게 느껴지면 그때 조금씩 짧게 커트해도 늦지 않다는 것을 인식시키도록 한다.

가발의 경우 언제든 자를 수는 있지만 길이를 연장시키는 것은 힘든 일이라는 것을 인식시키면 된다. 처음엔 길게 느껴지는 모발도 시간이 지나면 익숙해지기 때문에 길게 느껴지지 않는다.

2. 모발 컬러의 부조화로 인한 불만족 사례

원하는 컬러를 찾지 못하거나 본인 모발과의 부조화로 인하여 방문하는 경우가 있다. 이러한 경우 스타일에 대한 불만족이 크다. 원하는 스타일을 찾는 것이 중요하다. 예를 들어 너무 밝은 컬러를 원했으나 잘못된 시술로 가발만 상하게 하는 경우가 종종 있다.

일단 한 번 컬러가 변색된 가발을 다시 되돌리기는 어렵다. 가능한 여러 번으로 나누어 많은 영양을 자주 공급해 주고 밝은 컬러는 무조건 어두운 컬러로 낮추어 준다. 또한 지속적인 영양 공급이 필요하므로 고객이 직접 영양을 공급해 줄 수 있는 방법을 제시해 주어야 한다.

3. 클립에 의한 견인성 탈모 사례

클립을 오래 착용할 경우, 당겨짐에 의해 견인성 탈모가 올 수 있다. 이 점은 처음부터 고객에게 인식시켜야 하지만 고객께서 인지하고 착용한 후 견인성 탈모가 와서 더 이상 탈모가 생긴 자리에 클립을 고정할 수 없는 경우가 생기기도 한다.

또한 클립의 경우뿐만 아니라 단추식이나 벨크로의 붙임 방식 같이 언제나 같은 자리에 고정하는 방식을 착용하는 사람에게서 흔히 나타나는 증상이다.

물론 견인성 탈모가 오기 전에 예방하는 것이 좋겠지만 이미 견인성 탈모가 진행되었다면 착용 방식을 달리하는 것을 추천한다. 예를 들어 클립식은 테이프식 등으로 교체해 주는 것도 한 방법이다. 그러나 착용방식이 달라지면 고객은 부담스러워하고 테이프식이나 고정식의 경우라면 제모의 부담도 따른다. 그럴 경우에는 클립이 안착되는 위치를 바꿔 주는 방식을 권한다.

클립뿐만 아니라 한 곳에만 위치하는 착용 위치를 다르게 바꿔주는 것이 좋은데, 가능하면 고객이 어색함을 느끼지 않도록 위치를 조금씩 자주 바꿔 주는 방법을 추천해 준다. 그러려면 먼저 패턴으로 가발을 만들 때 클립의 위치가 변형될 수 있는 공간을 충분히 확보하는 것이 좋다.

4. 고정식 사용 고객의 두피 트러블 사례

고정식을 착용하는 사람들에게 접착제에 의한 트러블이나 한 곳에 오랫동안 고정하는 것에서 생기는 두피 트러블이 발생할 수 있다. 또한 고객이 수면 상태 등의 무의식 상태에서 가발을 지나치게 잡아당기거나 손톱으로 긁어서 트러블을 일으키기도 한다. 심한 경우 트러블로 인한 상처를 내기도 한다.

고정식을 착용하는 고객에게 두피 트러블이 생겼다면 일단은 트러블이 진정될 때까지 접착제를 사용하지 않는 것이 가장 좋다. 고정식과 테이프식은 언제든 서로 호환이 가능하므로 일단 트러블이 발생했다면 트러블이 진정될 때까지 테이프식으로 바꾸도록 설명한다. 또한 상처가 났다면 일단 약을 사용하여 상처를 아물게 하는 것이 중요하다.

두피가 예민하여 고정식을 착용하면서 트러블이 발생한다면 가발을 부착하기 전에 두피 보호제를 먼저 사용하면 접착제의 성분이 두피에 직접 닿는 것을 어느 정도 예방할 수 있다.

5. 고정식을 접착했을 때 두피의 통증 사례

고정식을 착용했을 때 두피에 통증이 느껴진다는 것은 가발을 착용할 때 너무 팽팽하게 펴주어 두피를 끌어당기기 때문이다. 이럴 경우 시간이 지나면 그 통증은 더욱 심해지기 때문에 즉각 조치를 취해 주어야 한다.

우선 리무버를 이용해 부착된 가발을 바로 제거한 후에 다시 시술한다. 재시술할 땐 가발이 구겨지지 않을 정도로만 텐션을 주어 착용 후 두피가 너무 당겨지지 않도록 해준다.

6. 가발이 잘못 제작된 사례

가끔 가발이 의도한 바와 다르게 제작된 경우가 있다. 특히 전두가발에서 많이 나오는 현상이다. 그러나 부분가발의 경우 또한 원하는 망과 다른 망이 사용되거나 원하는 패턴에서 조금씩 벗어나 사이즈가 다르게 제작되기도 한다.

전두가발에서 이런 경우가 발생했다면 대부분 문제가 되는 것은 이어라인(ear line) 부분이다. 이어라인이 불편하게 제작되거나 네이프(nape) 부분이 너무 올라가게 제작된 경우라면 다시 제작되야 한다.

부분가발의 경우 본 머리와의 조화로 인해 고객이 예민하게 반응하지 않지만 전두가발의 경우는 고객의 반응은 훨씬 예민하다. 이럴 경우 제품은 반드시 다시 제작하는 것을 감수해야 한다.

물론 기다리는 동안 고객이 착용하고 있을 수 있는 제품 또한 대체해 줘야 한다. 다시 제작에 들어간 제품은 최소한의 제작기간을 위해 /빨리 제작함으로써 기다리는 고객의 불편함을 줄이도록 최선을 다하는 것이 좋다.

7. 제품 환불을 요구하는 사례

제품에 불만족이나 변심으로 환불을 요구하는 경우는 드물지만 간혹 있으므로 이럴 경우 미리 환불에 의한 사내규정을 만들어 놓는 것이 좋다.

환불에 대한 규정의 사내 기준을 미리 만들어 놓았다면 처음 상담할 때부터 설명해 주어서 단순변심에 의한 환불사례를 예방하는 것이 좋다. 패션 가발과는 달리, 맞춤 가발의 특성상 가발이 제작되는 기간이 길고 한 번 제작된 가발은 다른 고객에게 재판매할 수 없다.

그러므로 일정기간의 흐름에 따른 환불 규정을 미리 만들어 놓는 것이 고객과의 트러블을 줄일 수 있는 방법이다. 다만, 제품이 잘못 제작된 부분 때문에 환불을 요청한다면 당연히 환불처리 하는 것이 추후 숍의 이미지를 관리할 수 있는 길이다.

8. 모량 빠짐이 심한 사례

똑같은 제품이라 할지라도 누가 너팅(knotting)했느냐에 따라, 또는 고객이 어떻게 손질했느냐에 따라서 가발의 모발 탈락이 더 빨리 되는 경우가 발생한다. 이렇게 모발이 빠지면 고객은 자신의 모발이 빠지는 것처럼 스트레스를 많이 받는다. 이럴 경우 되도록 빠르게 증모 A/S를 해주는 것이 좋다. 숙련된 너팅 시술자가 다시 너팅을 해주는 것이 좋으며 증모를 할 때에는 처음에 제작될 때보다 모량을 10~15% 늘려서 증모한다.

이미 모량에 대한 고객의 적응은 끝났기 때문에 모량이 많아져도 거부감을 갖지 않는다. 하지만 모량이 많을수록 증모 수선하는 기간은 길어지므로 고객에게 충분한 설명을 덧붙인다.

부록

탈모가발 고객 실제 사례

Chapter

부록

탈모가발 고객 실제사례

Section 1 패턴 시술

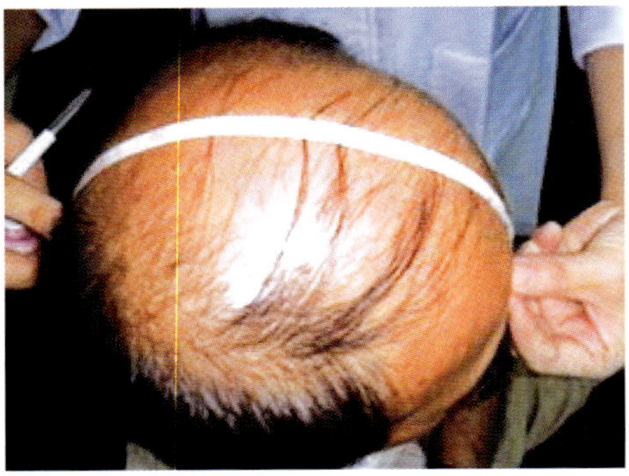

그림 1

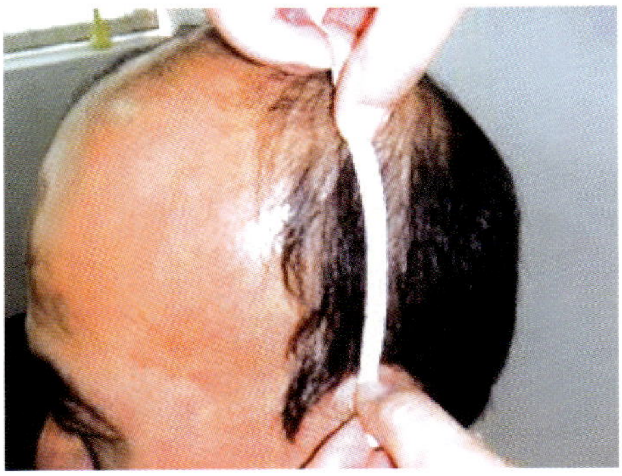

그림 2

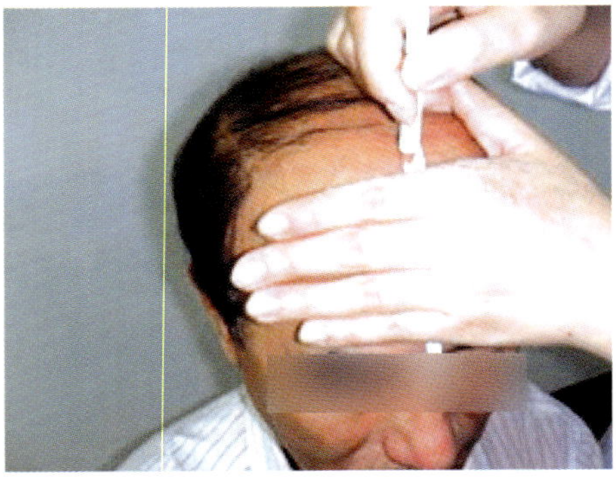

그림 3

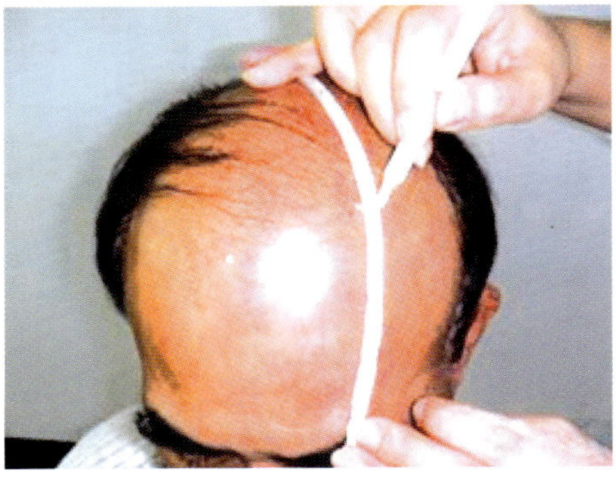

그림 4

그림 1-1　부분가발 비닐패턴 시술(1)

① 정중선 라인을 따라 미간 T.P 지점을 지나 후두부 탈모경계면의 길이를 잰다. 예) 약 28cm [그림 1]

② 왼쪽~오른쪽 사이드 비탈모 부분 E.P 인테리어 경계점까지의 길이를 잰다. 예) 약 8cm [그림 2]

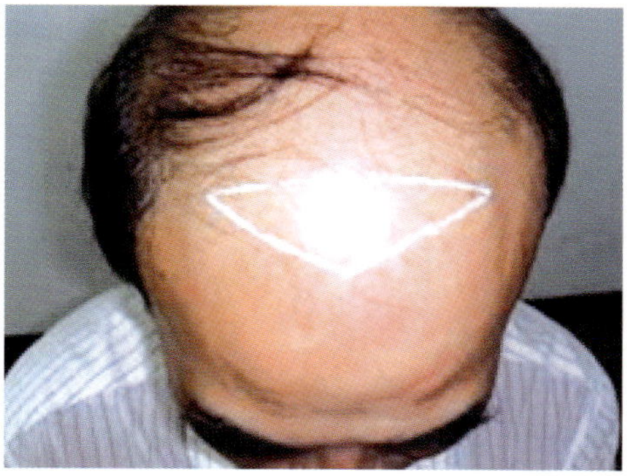

그림 5

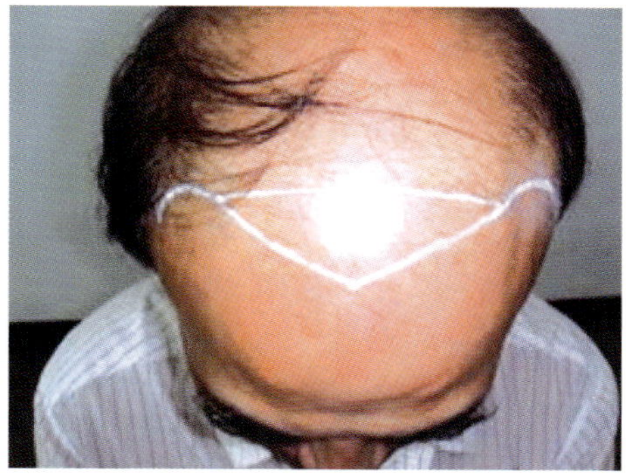

그림 6

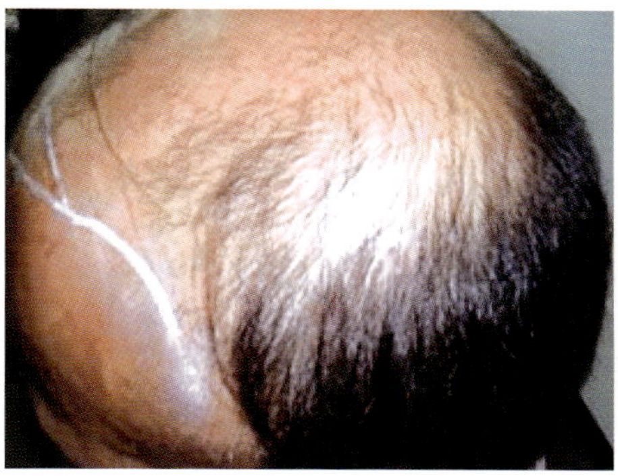

그림 7

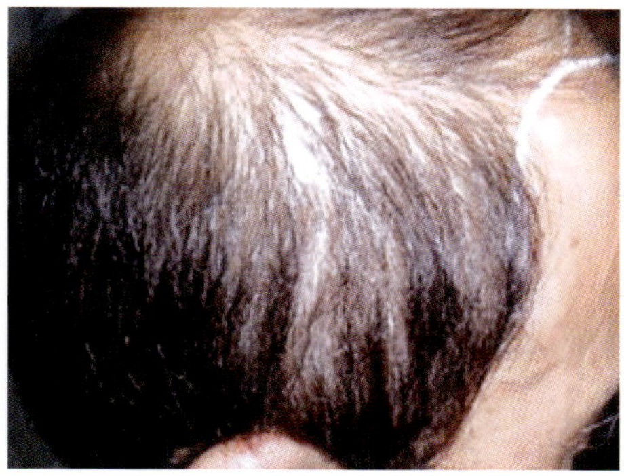

그림 8

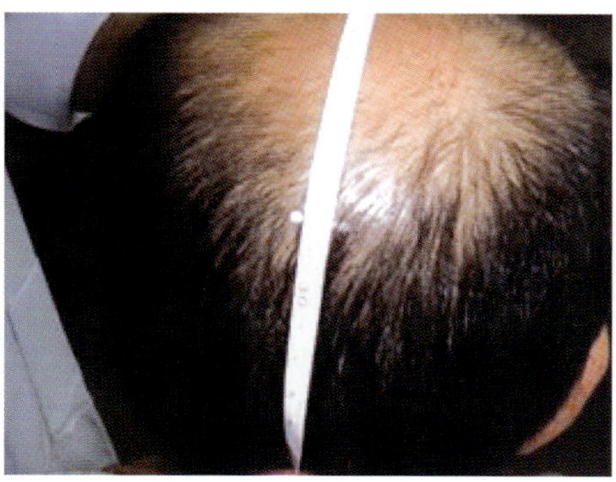

그림 9

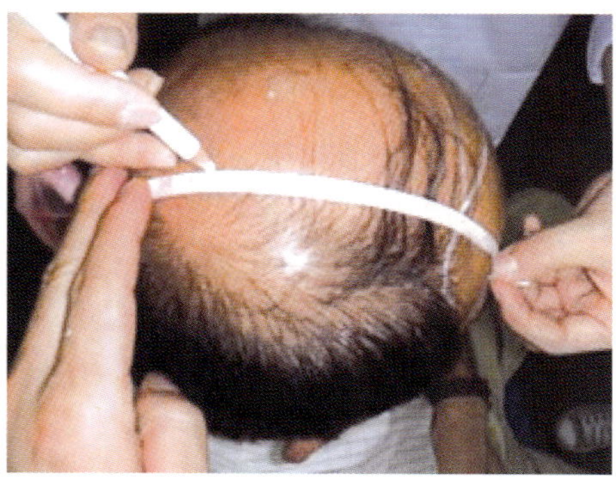

그림 10

그림 1-1 부분가발 비닐패턴 시술(2)

③ C.P경계점 찾기 위해 미간 헤어라인까지 삼 · 사지정도 넓이의 포인트를 정한다. 예) 미간에서 약 6~6.5cm [그림 3]

④ 좌.우측 눈썹 산 F.S.P 지점 길이재기 예) 눈썹산에서 약 7~7.5cm [그림 4]

⑤ C.P F.S.P 지점 트라이앵클 잇기 예) 약 3cm 폭 [그림 5]

⑥ F.S.P ~ S.P 지점을 자연스러운 반원 곡선으로 잇기 [그림 12]

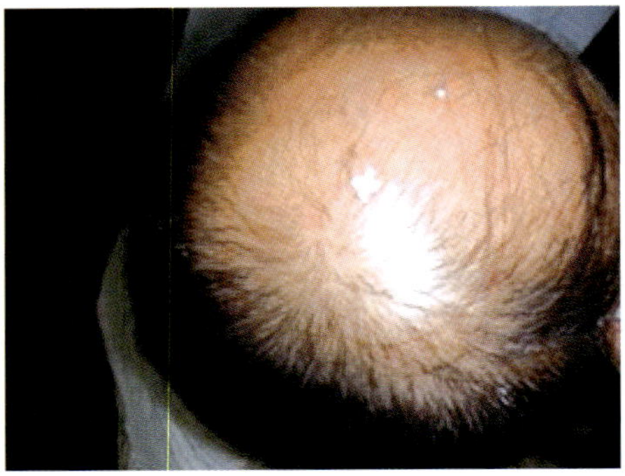

그림 11

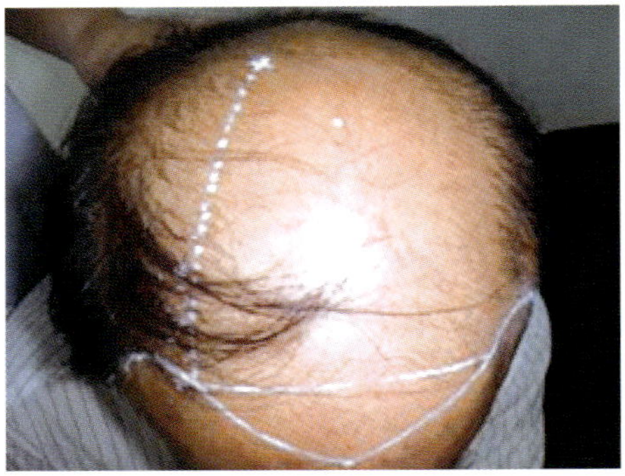

그림 12

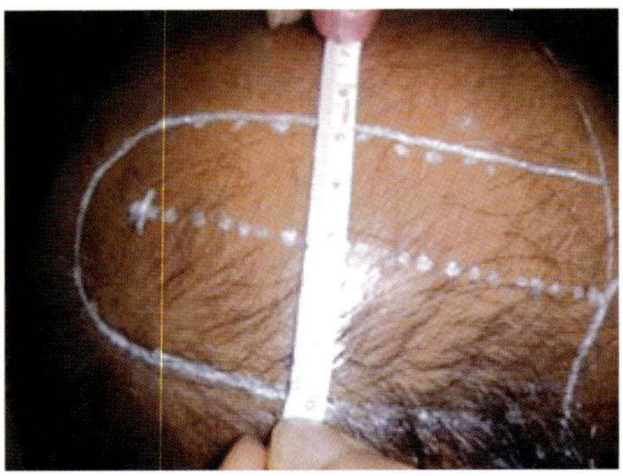

그림 13

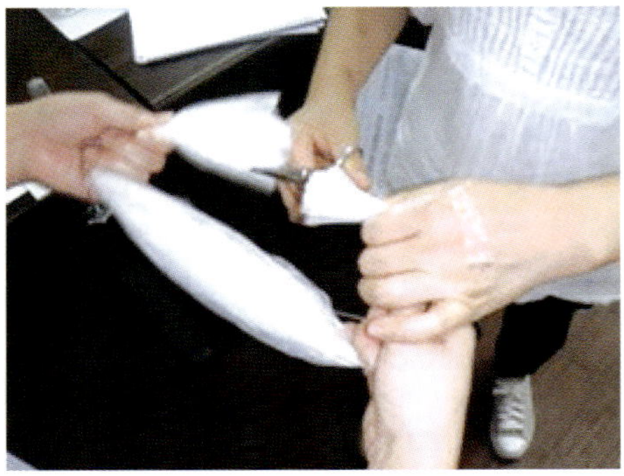

그림 14

그림 1-1 부분가발 비닐패턴 시술 (3)

⑦ 좌 · 우측 모두 비탈모 지점까지 S.P 화이트 펜슬로 잇기 [그림 7]

⑧ C.P에서의 연결모양이 태극문양 S자가 형성되도록 한다. [그림 8]

⑨ C.P~G.P이하 탈모 지점까지 탈모지점 화이트 펜슬로 표기 예)약 28cm [그림 9]

⑩ 우파트 가르마를 위해 우측 삼각 꼭지점 S.C.P에서 약간 안쪽 사선으로 G.P길이까지 길이재기 예)약 10cm [그림 10]

⑪ 가르마선 F.S.P ~ X(가마) 표시지점 잇기, 정면에서 T.P 지나 X 표기가 보이지 않도록 한다. [그림 11]

⑫ 점선을 늘려 실선으로 만들기 [그림 12]

⑬ 가르마선으로 양옆 2.5cm씩 U라인 잇기.(가르마 경계선표시가 나지 않도록 하기 위해) [그림 13]

⑭ 패턴용 고장력 비닐 자르기 예)약 50cm [그림 14]

⑮ 두 사람이 같은 힘으로 평평하게 펼치기 [그림 21]

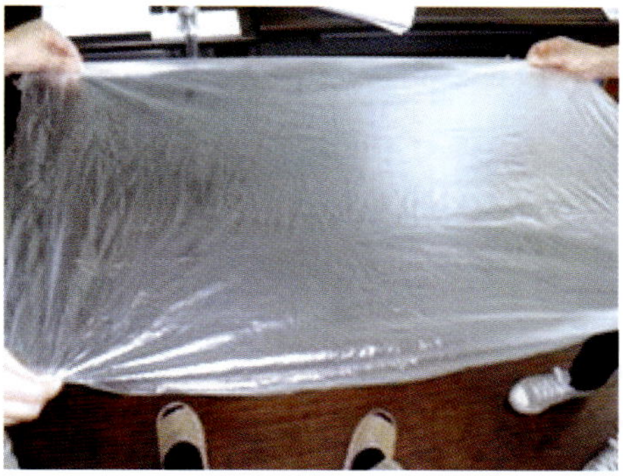
그림 15

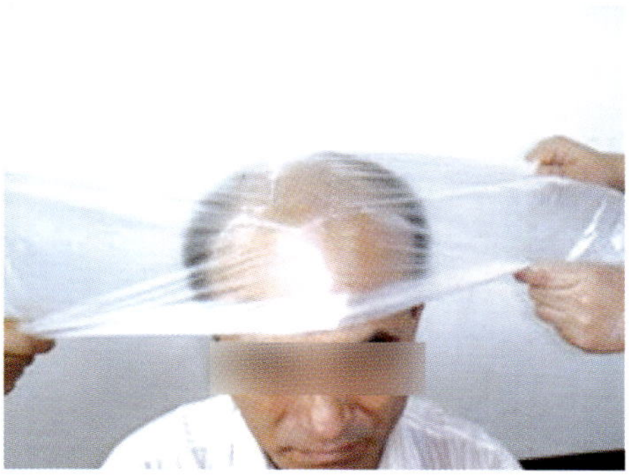
그림 16

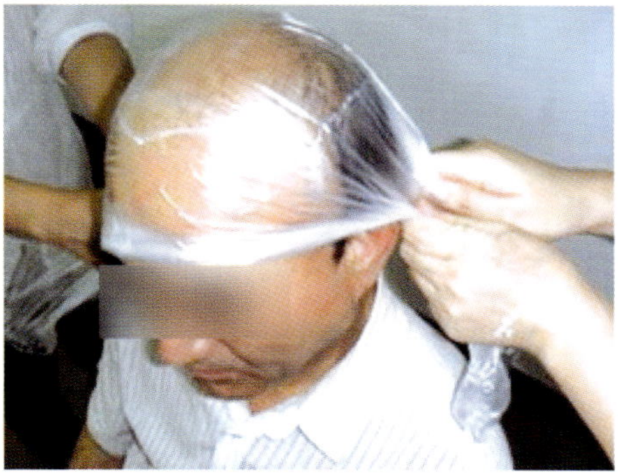
그림 17

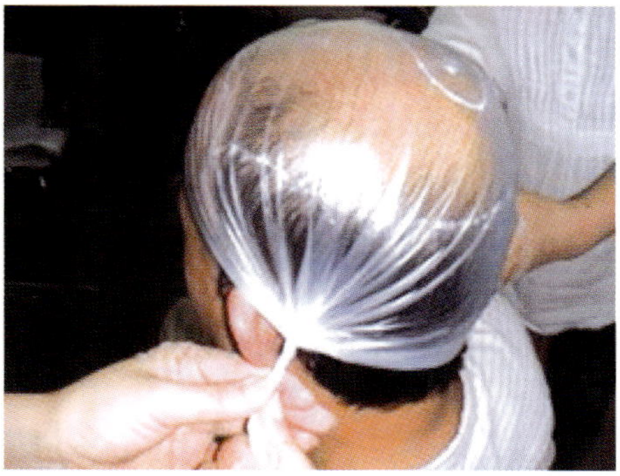
그림 18

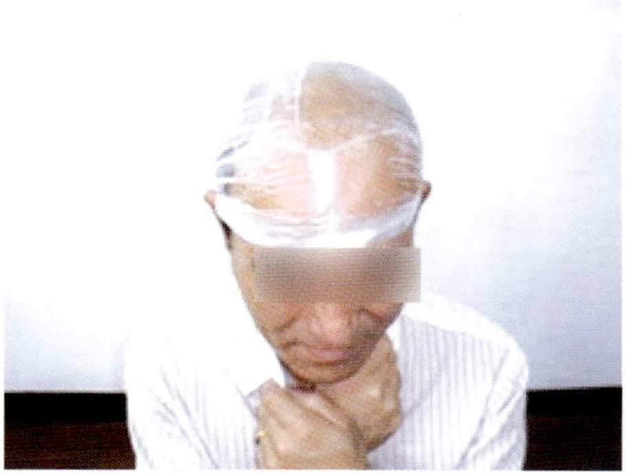
그림 19

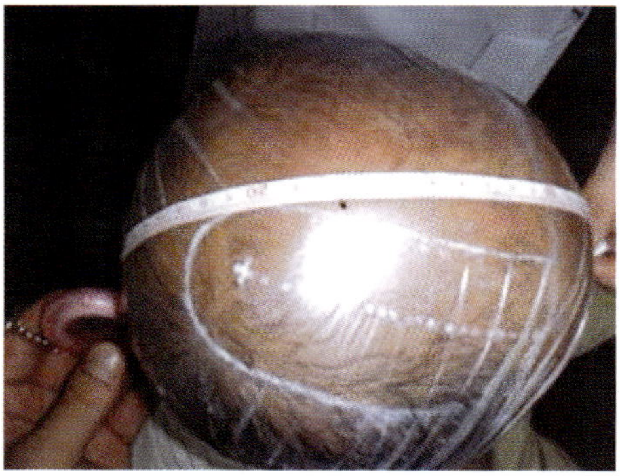
그림 20

그림 1-1 부분가발 비닐패턴 시술 (4)

⑯ 패턴비닐의 앞 · 뒷면을 1~2cm씩 접어 두상 위 중심에 위치한다. [그림16]

⑰ C.P를 중심으로 고객의 두상 위에서 평평하게 당기면서 E.B.P 위치로 내려 준다. [그림 17]

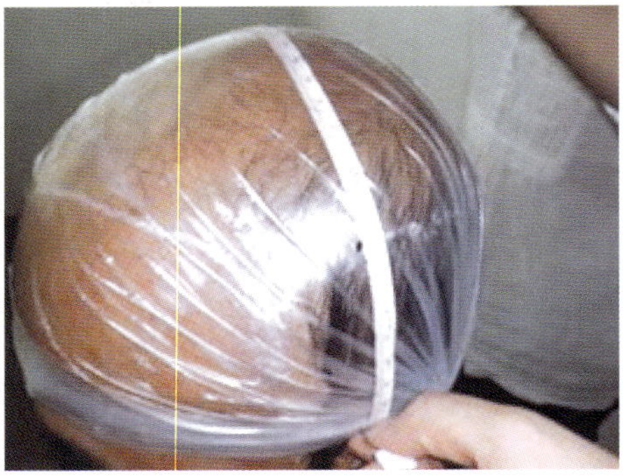

그림 21

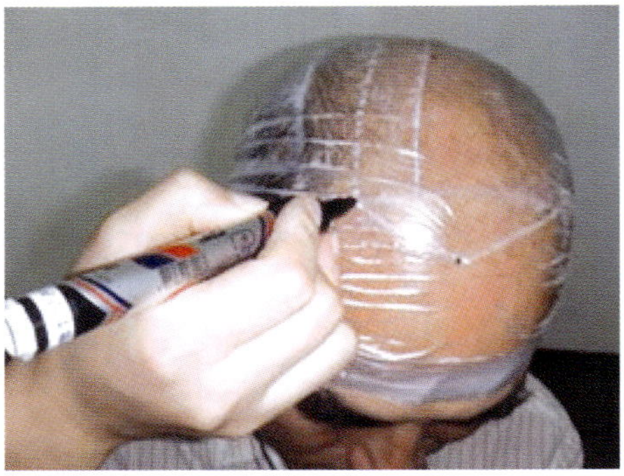

그림 22

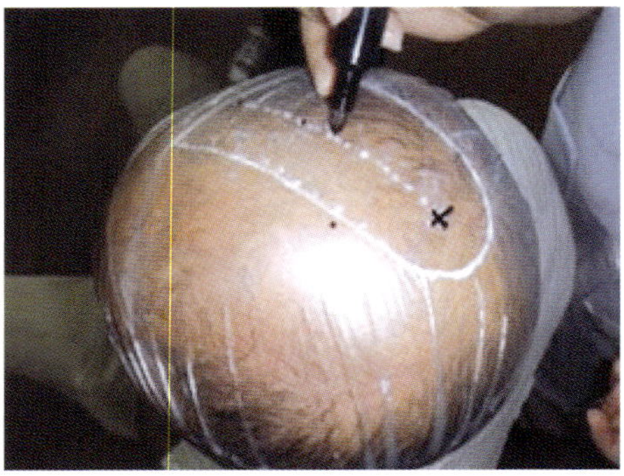

그림 23

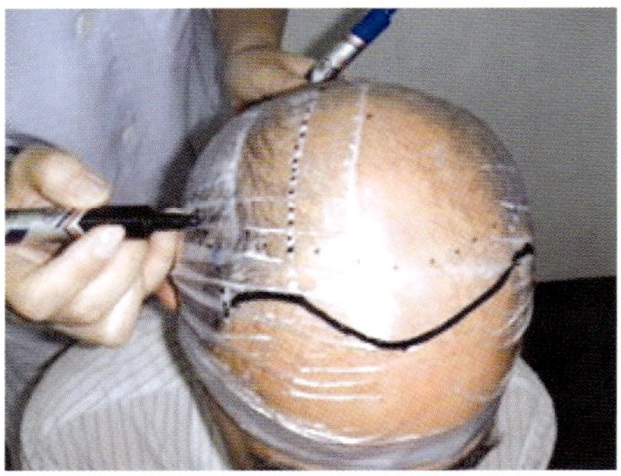

그림 24

그림 1-1 부분가발 비닐패턴 시술 (5)

⑱ E.B.P 지점 한쪽에서 먼저 주름잡듯 패턴비닐을 모아 트위스트로 꼬아 고객의 반대손으로 턱선에 밀착하여 고정되도록 유도한다. [그림 1-18]

⑲ 고객의 다른 반대편 손으로 가슴앞에 X(가마)가 되도록 겹쳐 편안히 내려 잡도록 한다. [그림 19]

⑳ 화이트 펜슬로 스케치한 탈모 경계면을 다시 길이재기 하여 C.P와 T.P를 지나 G.P 이후의 탈모 경계면 표시 (검정 펜) [그림 20]

㉑ 좌.우측 E.P~사이드 탈모경계면까지 다시 길이재기 예)약 8cm 검정 펜 [그림 20]

㉒ C.P~F.S.P까지 트라이앵글 부분 표기(검정 펜) [그림 21]

㉓ F.S.P에서 가르마 끝나는 X 지점까지 점선 잇기(파란 펜) [그림 22]

㉔ 탈모경계면 화이트 펜슬 라인 실선 잇기 (검정 펜) [그림 23]

㉕ 전두 스킨 라인 C.P기준 F.S.P~ S.P까지 S웨이브 따라 안쪽 기준선 잇기 예) 3cm (파란 펜) [그림 24]

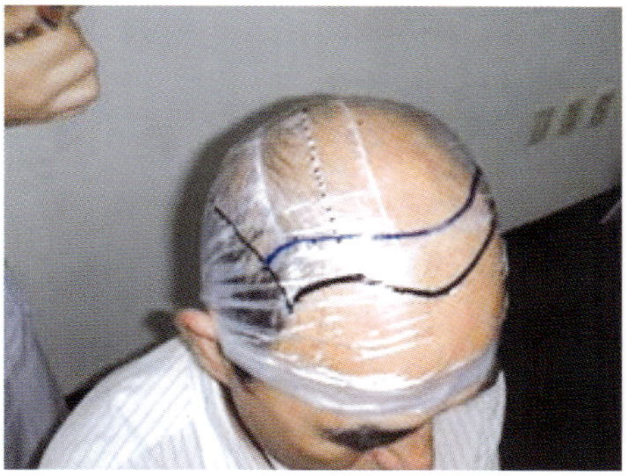

그림 25

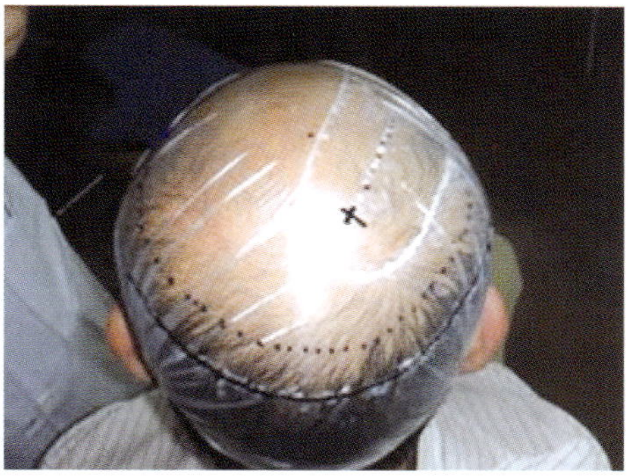

그림 26

그림 1-1 부분가발 비닐패턴 시술 (6)

㉖ 탈모경계 U라인 따라 안쪽 접착테이프 부위 점선~실선 잇기 예) TPM 2cm (검정 펜) [그림 26]

㉗ 가르마선 기준 양옆 각각 2.5cm U라인 점선 잇기 (빨간 펜) [그림 27]

㉘ 왼손 사지 테이프 끼우고 오른손은 테이프 끝과 가위양손 균등한 힘조절 하여 T.P~C.P방향 가로 테이핑 (두상 곡면 따라 끝이 E.P 주변으로 모이게) [그림 28]

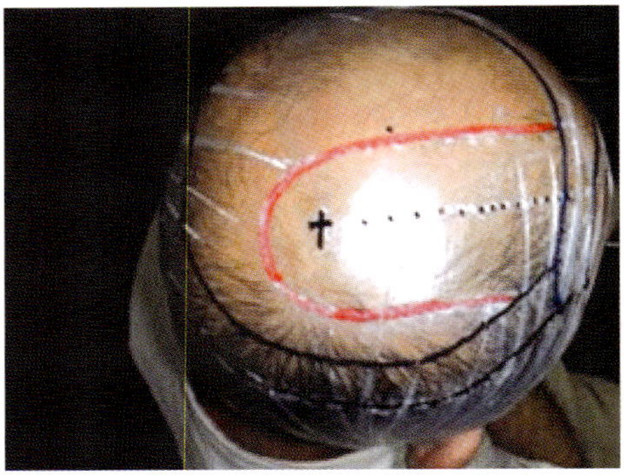

그림 27

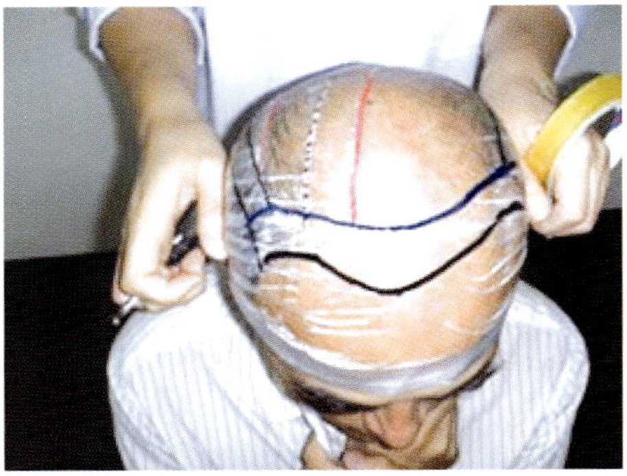

그림 28

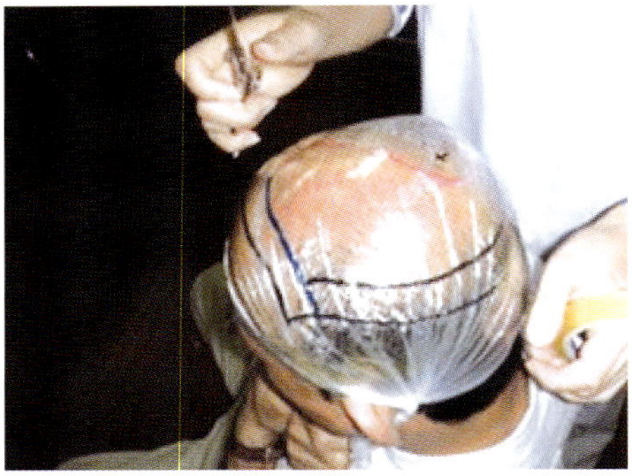

그림 29

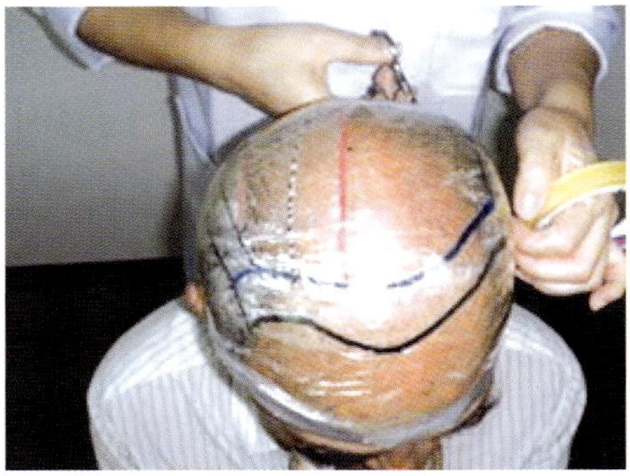

그림 30

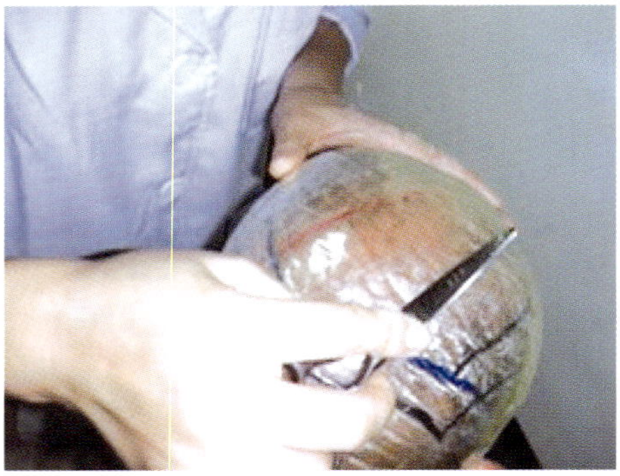

그림 31

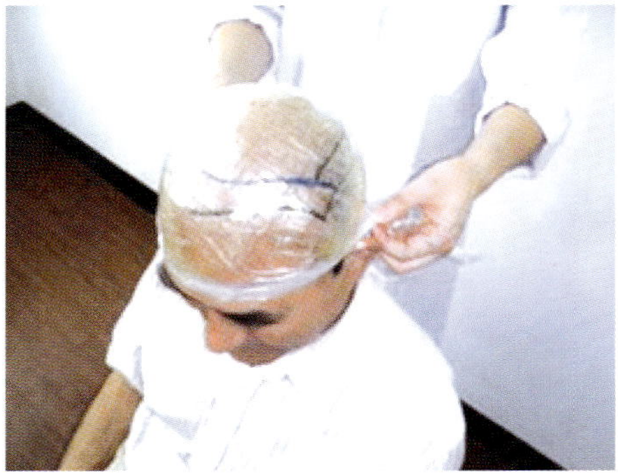

그림 32

그림 1-1 부분가발 비닐패턴 시술 (7)

㉙ C.P~T.P~G.P 기준 정준선 라인따라 세로 1/2씩 겹치게 테이핑(두상 곡면따라 끝이 약간 중앙으로 모이게) [그림 29]

㉚ 가로-세로 번갈아 두상 곡면 따라 테이프가 들뜨지 않게 밀착하여 총 3회 이상 테이핑(첫 1회 힘조절 중요 2~3회는 힘을 약하게) [그림 30]

㉛ 테이핑 총 3회 후 가위나 펜을 이용하여 마지막 테이핑 끝난 방향부터 쓸어주기 (테이핑 들뜸 고정) [그림 31]

㉜ 고객의 손을 놓게 하고 패턴 벗겨내리고 고객의 두상을 물수건을 이용하여 개운하게 닦는다. [그림 32]

㉝ 탈모경계면 바깥 2cm 지점 자르기(숙달되면 라인 따라 밀착 자르기)

㉞ 가발 거치대에 씌워 테이핑으로 인해 희미해진 패턴 라인을 다시 색깔별로 그려 준다 [그림 34]

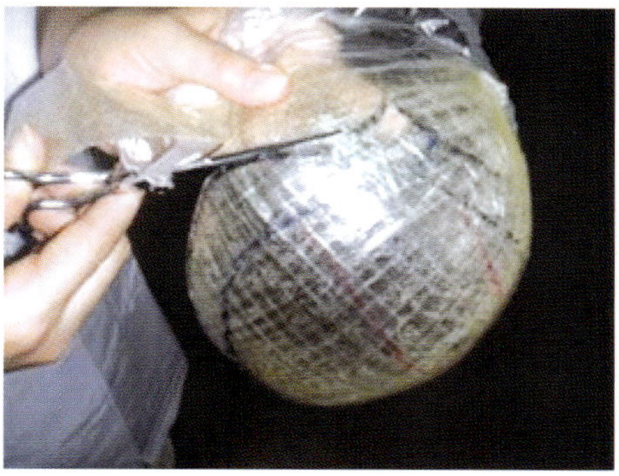

그림 33

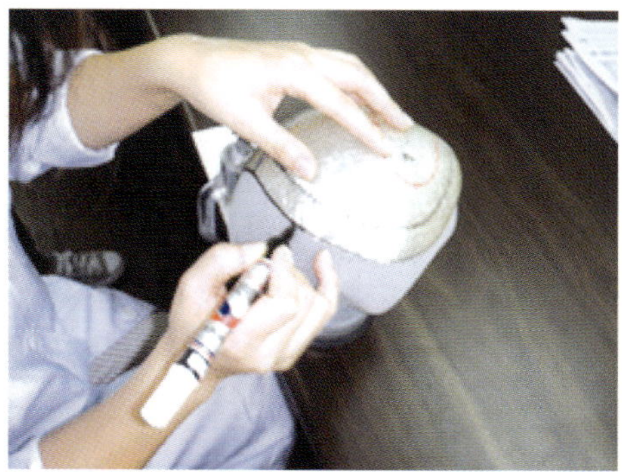

그림 34

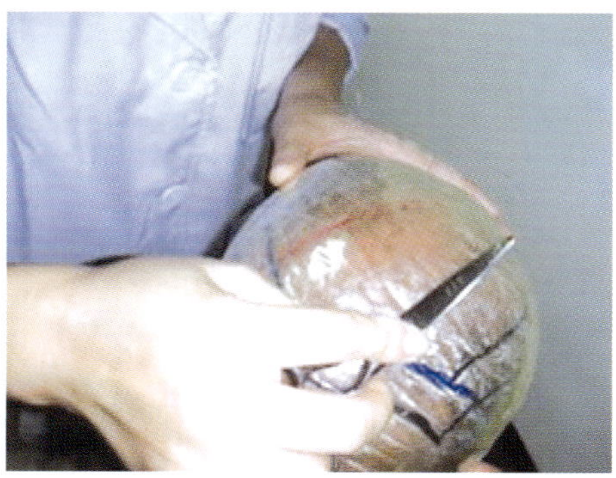

그림 35

그림 1-1 부분가발 비닐패턴 시술 (8)

㉟ 선따라 정확히 그린 후 각 부위 명칭을 적어 준다. (TPM 테이프 라인 약 2cm 검정색, 이마 라인 SFP 파란실선, 가르마 부위는 RE망보다 부드러운 NFP 빨간실선, RE망 BLK/FLS 는 검정/피부색으로 처리한다.) [그림 35]

Section 2 부분 가발의 착용

1. 테이프 부착

그림 1

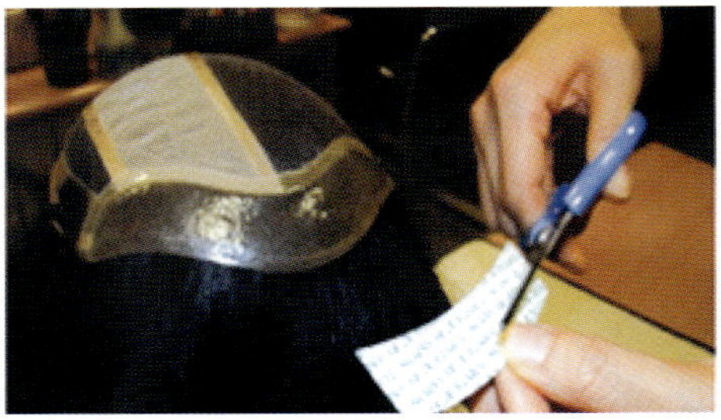

그림 2

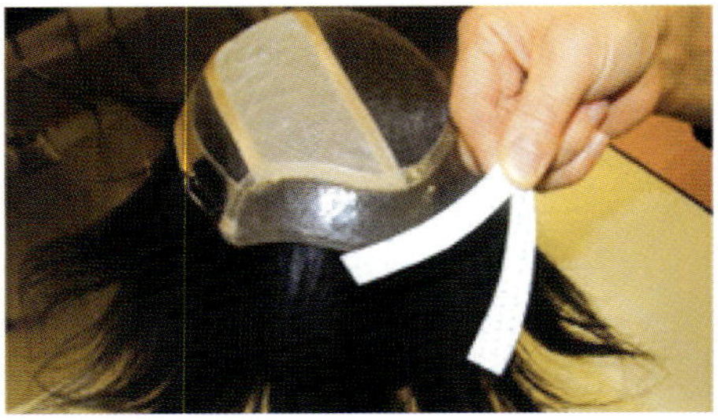

그림 3

그림 4

그림 2-1 테이프 부착방법 (1)

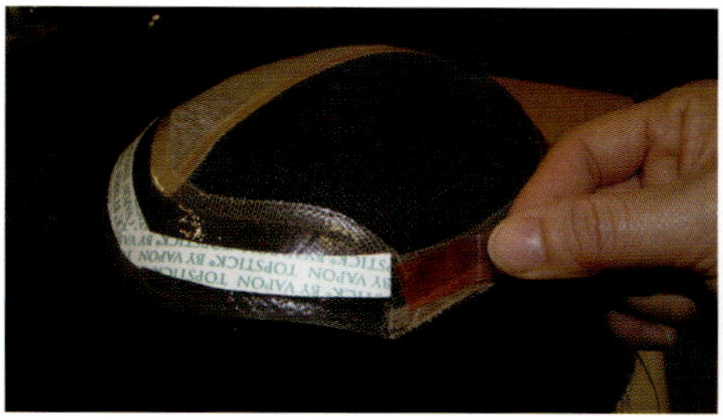

그림 5

그림 6

그림 2-1 테이프 부착방법 (2)

① 전체 패치 라인의 테이프 부착을 위해 두상 라인을 유념하여 적당한 길이로 테이프를 잘라 준다. [그림 2]

② 테이프가 넓을 경우 반으로 나누어 길이로 잘라 준다. [그림 3]

③ 테이프 제거시에 편리하도록 끝이 겹쳐지도록 부착한다. [그림 4]

④ 프런트의 스킨 부분은 특수 테이프를 이용하여 좀더 넓게 안정감 있게 부착한다.

그림 2-2 클립 부착방법

2. 부분 가발의 착용

그림 1

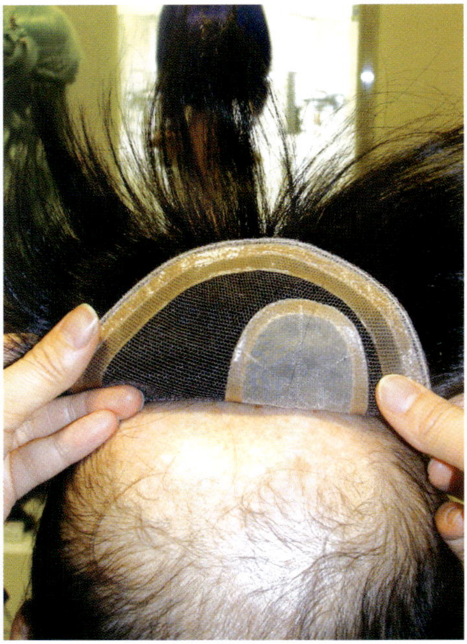

그림 2

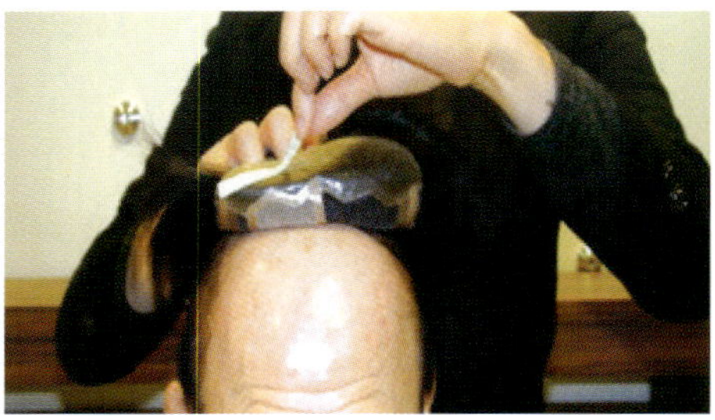

그림 3

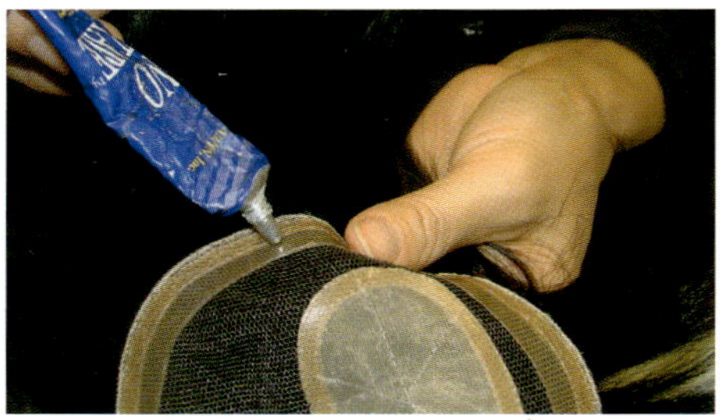

그림 4

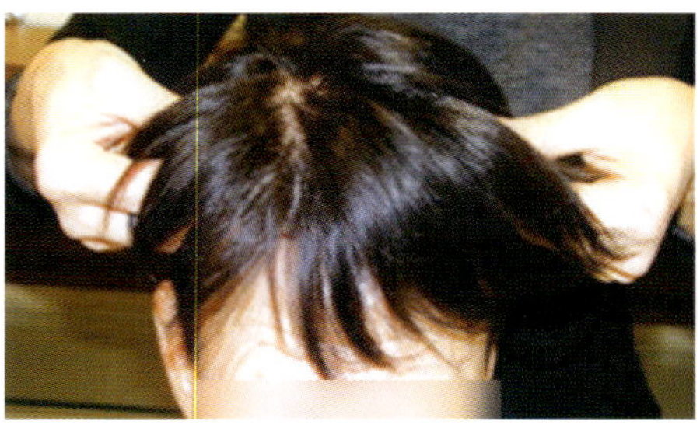

그림 5

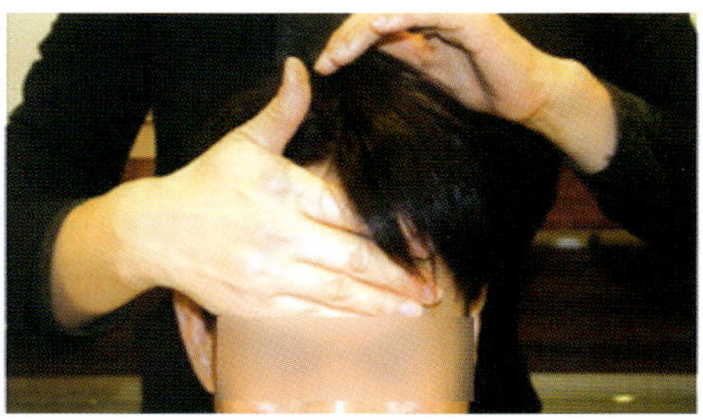

그림 6

그림 2-3 부분가발의 착용

① 가발의 착용전 고객 두피의 유분과 이물질을 깨끗이 세척한 후 건조하여 준다. [그림 1]

② T.P를 기점으로 하여 C.P–E.P–B.P 방향으로 방사형으로 두피에 밀착하여 가발을 씌운다. [그림 2]

③ 프런트 라인이 테이프식의 경우 마지막으로 부착된 테이프를 순차적으로 제거해 준다. [그림 3]

④ 프런트 라인이 본드 접착식인 경우 역시 두정부를 정확히 고정한 후에 흘러내리지 않도록 도포하여 씌워 준다. [그림 4]

⑤ 두피에 밀착하여 부착하되, 과도한 텐션으로 두피에 자극을 주거나 텐션을 너무 약하게 하여 가발이 느슨해지지 않도록 주의한다. [그림 5]

⑥ C.P의 시작점을 정확히 조절하지 못할 경우 자연스럽지 못하여 가발 티가 많이 날 수 있기 때문에 미간과 헤어 경계면의 거리에 유의한다. [그림 6]

Section 3 위그 커트

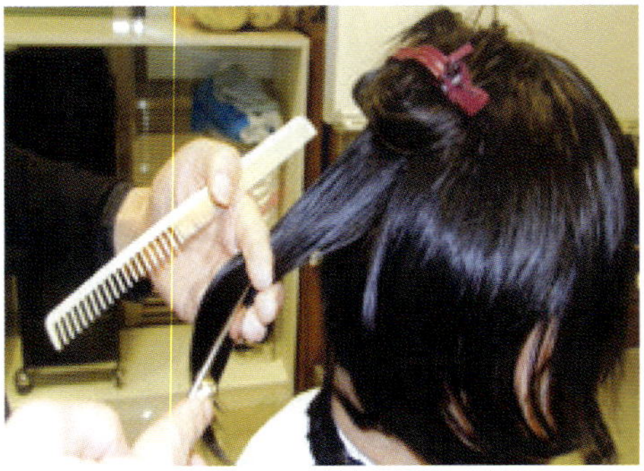

그림 1

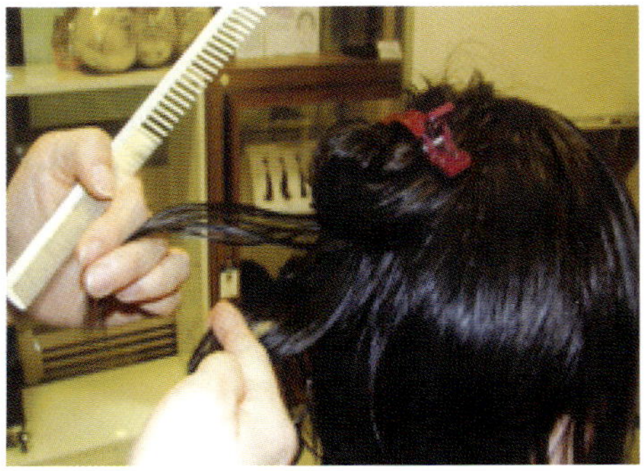

그림 2

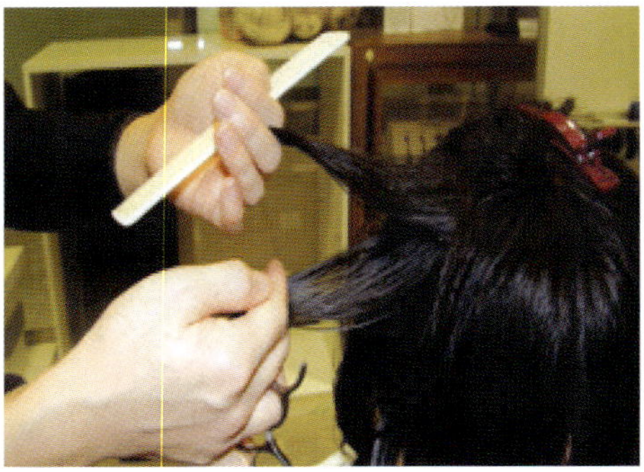

그림 3

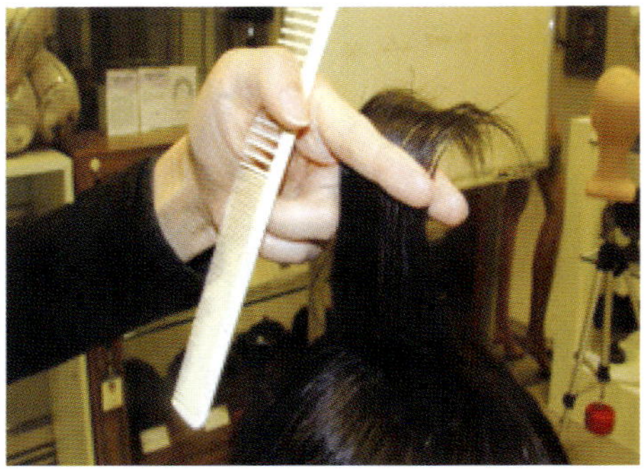

그림 4

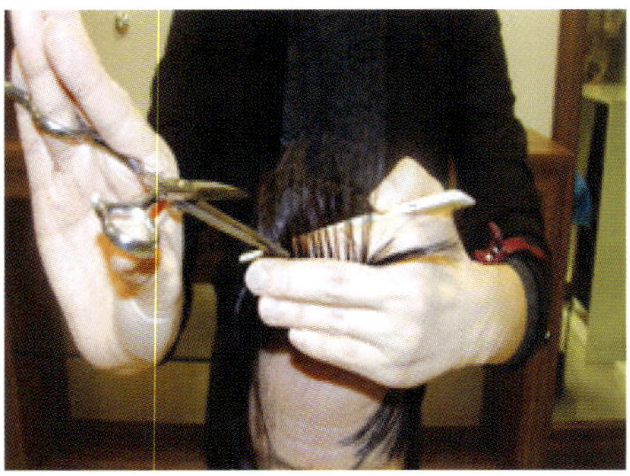

그림 5

그림 6

그림 2-4 위그 커트 (1)

① 네이프 라인에 유의하여 탈모 이하 부위 사전 커트를 시행한다.[그림 1]

② 후전방 B.P지점에서 본 모발을 45° 가이드섹션으로 하되, 가이드보다 약간 길게 가발을 커트한다. (2섹션 아래 가이드 기준) [그림 2]

③ 두 번째 섹션부터는 첫 번째 커트선을 가이드로 커트한다. [그림 3]

④ 섹션이 너무 넓어지지 않도록 잡아서 완만한 레이어 층을 형성한다. [그림 4]

⑤ G.P−T.P 부위가 짧아지지 않도록 주의하여 가이드 체크한다. [그림 5]

⑥ G.P−T.P 로 갈수록 각도를 들어 주어서 위로 똑바로 커트하되, 자연스러운 커트선 연출을 위하여 45° 나칭 기법으로 커트한다. [그림 6]

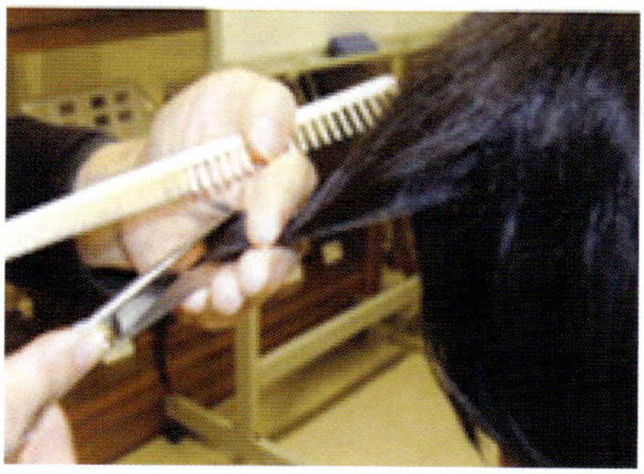

그림 7

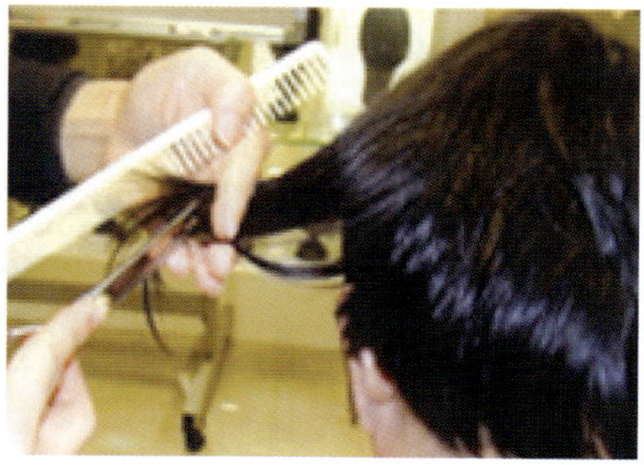

그림 8

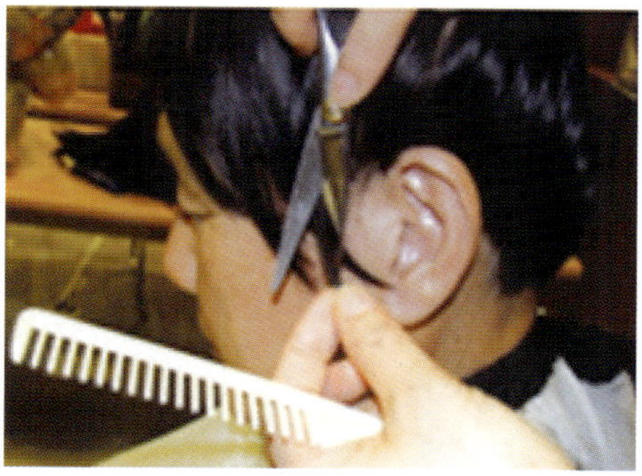

그림 9

그림 10

그림 2-5 위그 커트 (2)

⑦ T.P까지 1차 커트가 완성되면 B.P를 기점으로 가발과 본 모발의 연결선을 점검한다. [그림 7]

⑧ 연결되는 좌.우측 사이드 커트를 위해 귓바퀴에서 원하는 각도를 들어서 가장자리 선을 정리한다. [그림 8]

⑨ S.P-S.C.P 지점의 구렛나루 지점은 슬라이싱 기법으로 자연스럽고 가볍게 연결한다. [그림 9]

⑩ 프런트 라인 C.P-F.S.P 지점을 후방향 위로 똑바로 커트한다. [그림 10]

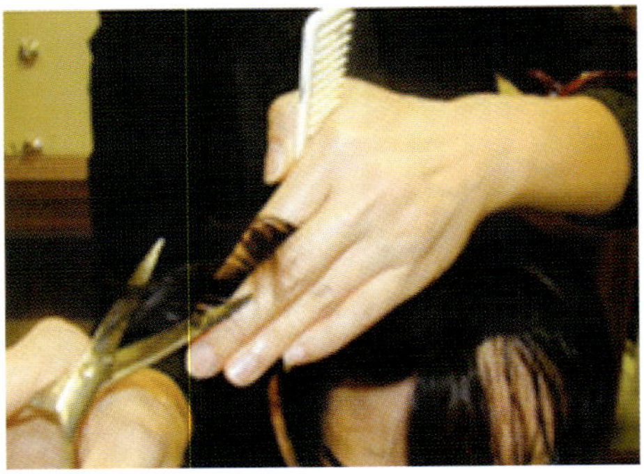

그림 11

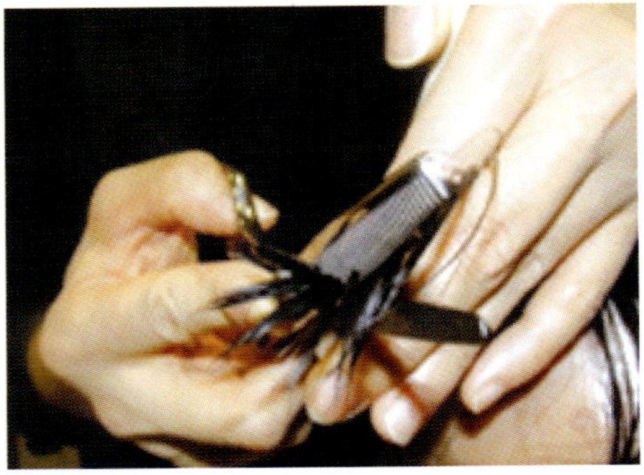

그림 12

그림 13

그림 2-4 위그 커트 (3)

⑪ S.P-F.S.P를 크레스트 선을 따라 레이어 커트한다. [그림 11]

⑫ 틴닝 가위를 사용하여 모량을 조절한다. [그림 12]

⑬ 레저커트 사용시에 커트 방법은 동일하며 모발 끝의 날림을 최소화하기 위하여 충분한 분무 상태에서 질감이 너무 가벼워지는 것에 유의한다. [그림 13]

Section 4 위그 드라이

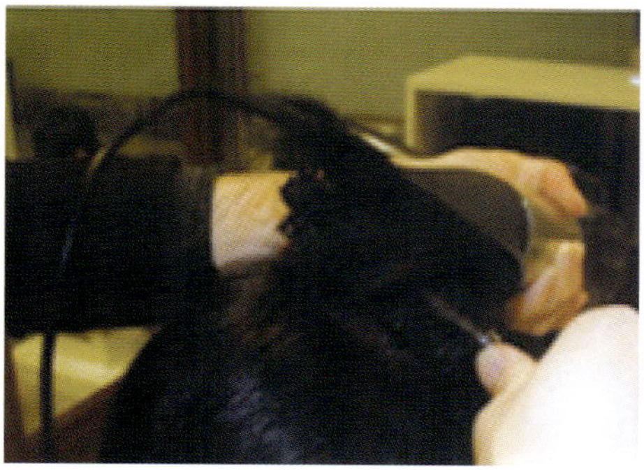

그림 1

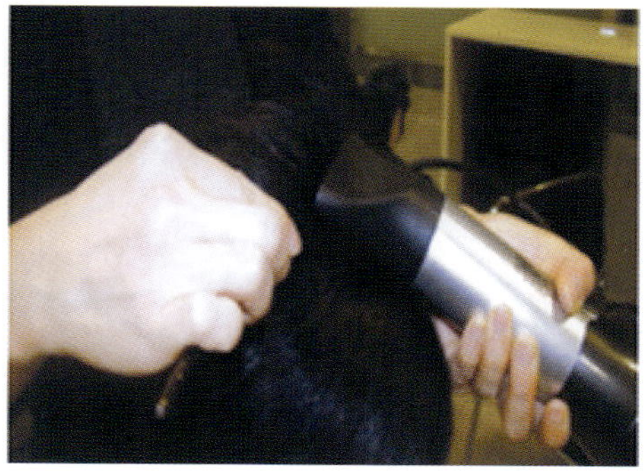

그림 2

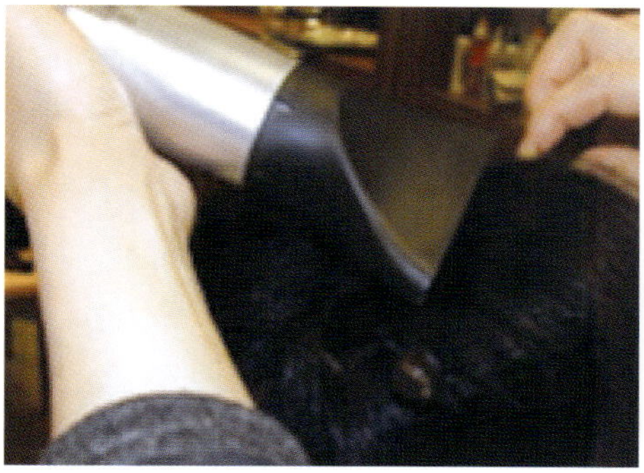

그림 3

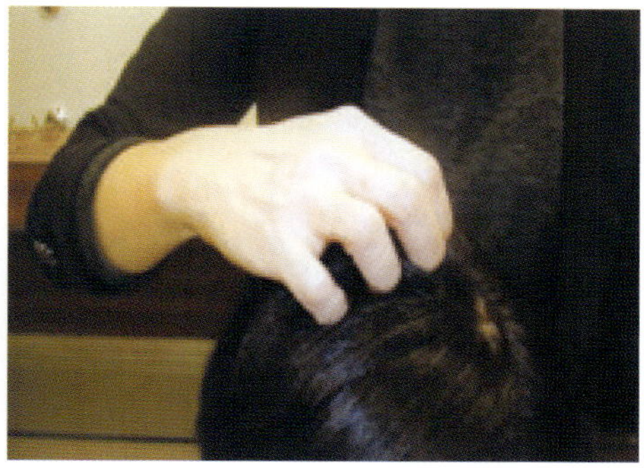

그림 4

그림 2-5 위그 드라이 (1)

① 가르마의 위치에 따라 파트의 반대편 넓은 부부의 프런트 부위부터 드라이한다. [그림 1]

② 약간 사선방향으로 드라이 길을 트며 뿌리의 방향을 잡아준 후 모발은 가볍게 열을 스치듯 지나만 간다. [그림 2]

③ C.P와 T.P의 약간의 볼륨 형성만으로도 분위기가 한층 밝아질 수 있기 때문에 C.P의 들뜸에 유의하되, 이마에 밀착시키지 않도록 한다. [그림 3]

④ 파트의 좁은 부위도 동일 방법으로 가르마 선 중심으로 볼륨을 형성한 후, 이하 부위는 가볍게 핸드 드라이한다. 연결선은 밀착시켜 자연스럽게 연결하며 T.P주변은 약한 주먹을 쥐듯이 핸드 드라이한다. [그림 4]

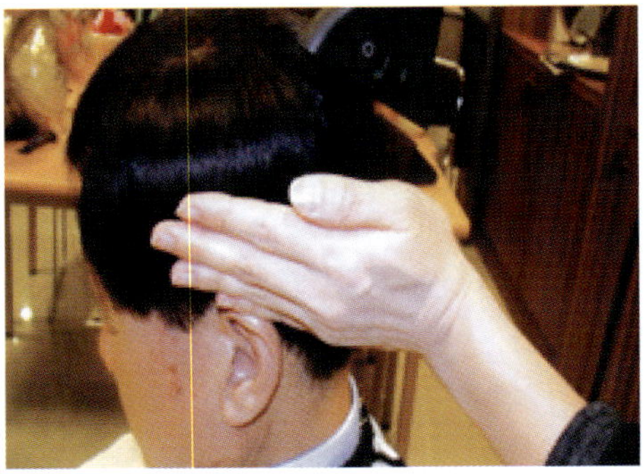

그림 5

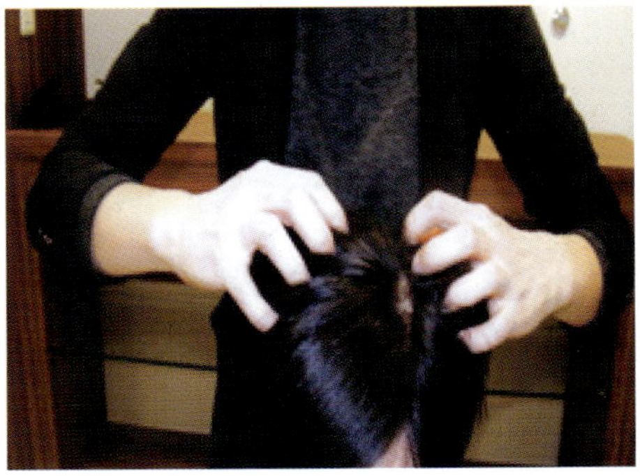

그림 6

그림 2-5 위그 드라이 (2)

⑤ 사이드의 가장자리와 B.P의 연결에 유의한다. [그림 5]

⑥ 남은 열감을 이용하여 전체적인 헤어 스타일링을 완성한다. [그림 6]

Section 5 위그 세척 및 보관

그림 1

그림 2

그림 2-6 위그의 세척 (1)

그림3

그림 4

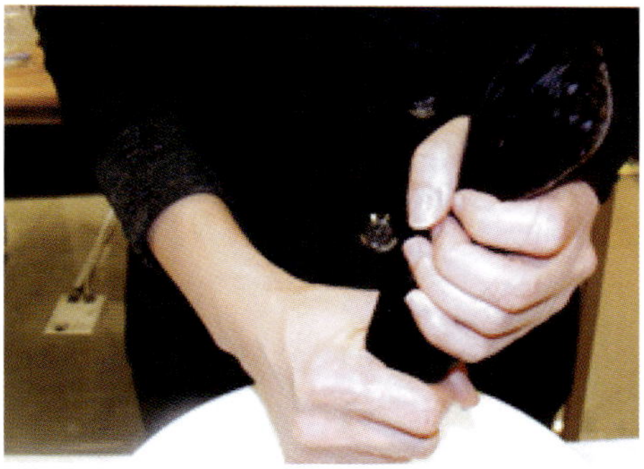

그림 5

그림 2-6 위그의 세척 (2)

① 패치와 프런트의 테이프를 제거해 준다. [그림 1]

② 테이프 접착면의 끈적임이 심할 경우, 클리너를 도포하여 3~5분 가량 방치한다. [그림 2]

③ 샴푸를 물에 희석한 다음 가발을 내면이 위로 보게 담군 후에 약하게 세척한다. [그림 3]

④ 엉킨 모발을 모발 끝부터 빗질을 통하여 풀어 준다. [그림 4]

⑤ 가발을 접지말고 꾹 눌러 물기를 제거해 준다. 린스를 사용할 경우, 반드시 모발 중심으로 행군 후에 동일 방법으로 마무리한다. [그림 5]

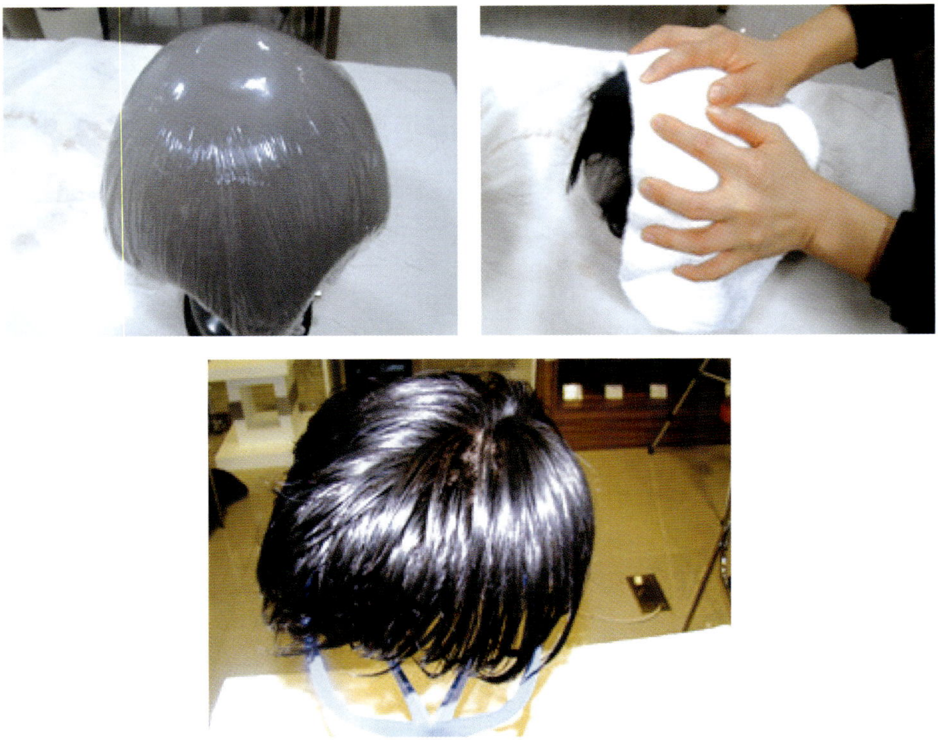

그림 2-7 위그의 보관

참고문헌

- 여창호, "가발관리사의 직무특성이 직무만족과 이직의도에 미치는 영향", 한성대학교 석사학위논문, 2012
- 장수만, "가발관리학", 현문사, 2007
- 임은진 외, "두피 · 모발관리학", MD메디시언, 2012
- 장미희 외, "모발관리 & 가발", 예림, 2003
- 장수만, "미용학적 접근에 의한 탈모 및 가발에 관한 연구", 대구대학교 석사학위논문, 2006
- 고경숙 외, "블로우 드라이 & 아이론 헤어 스타일링", 훈민사, 2009
- 전동호, "숨겨진 진실: 18세기 영국 남성 초상화 속에 나타난 가발의 의미", 서양미술사학회논문집, 2006
- 정현진, "審美的 假髮着用의 史的考察 – 바로크 시대를 중심으로", 한국인체예술미용학회, 2005
- 유현심, "탈모인들의 가발착용과 관리실태 및 인식에 관한 연구", 숙명여자대학교 원경향장대학원 석사학위논문, 2010
- 대한두피탈모전문가학회, "탈모크리닉 실전바이블", 대한의학서적, 2008
- 김광옥 외, "트리콜로지스트를 위한 두피모발관리학", 청람, 2006
- 최연희 외, "펀펀 헤어스타일링 드라이 & 아이론", 교문사, 2012
- 최미옥, "한국과 서양의 시대 흐름에 따른 가발 형태 및 문화사적 의미", 서경대학교 석사학위논문, 2008
- 문금순 외, "헤어세팅 & 아이론 실기 테크닉", 예문사, 2010
- 권오혁, "Hair Process 헤어컷", 지구문화사, 2012
- cafe.naver.com/aricoschool
- www.gabalmania.com
- www.gabalnara.com
- www.himo.co.kr
- www.kostat.go.kr
- www.milan.co.kr
- www.pinkage.co.kr

찾아보기

ㅎ

영문

가발 전문가를 위한

위그 디자인

2013년 9월 5일 초판 인쇄
2013년 9월 10일 초판 발행

저 자 임은진 · 임명숙 · 김명우 · 최미옥 · 김세옥
김정연 · 김계순 · 이대천 · 배선향 · 정용성

발행인 주 병 오

발행처 메디시언 MDi OCEAN

경기도 파주시 회동길 209
파주출판문화정보산업단지

영업팀 (031) 955－7566 · 7577
편집팀 (031) 955－7731
FAX (031) 955－7730
홈페이지 www.ji-gu.co.kr
전자우편 jigupub@hanmail.net
등록번호 2005년 2월 16일 제 406-2005-000045호

ISBN 978-89-93033-66-3 값 20,000원